U0223618

国家出版基金资助项目／"十三五"国家重点出版物

绿色再制造工程著作

总主编　徐滨士

等离子弧熔覆再制造技术及应用

PLASMA ARC CLADDING REMANUFACTURING TECHNOLOGY AND APPLICATION

吕耀辉　刘玉欣　董世运　等编著

哈尔滨工业大学出版社
HARBIN INSTITUTE OF TECHNOLOGY PRESS

内 容 简 介

本书共分为 6 章,第 1 章介绍了装备再制造技术的发展背景,着重阐述了金属增材再制造技术的国内外发展现状,指出等离子弧熔覆再制造技术的优点及发展趋势;第 2 章主要介绍作者自主研发的等离子弧熔覆再制造系统;第 3 章主要介绍了铁基合金等离子弧熔覆再制造的组织及性能特点,并介绍了自行改进设计的铁基合金粉末的组成;第 4 章主要介绍了镍基高温合金的等离子弧熔覆再制造组织及性能特点,包含工艺参数对成形及组织的影响,并对成形的薄壁零件组织及性能进行了表征,研究了不同热处理制度对镍基合金等离子弧熔覆再制造组织及性能的影响;第 5 章主要介绍了钛合金等离子弧熔覆再制造组织及性能特点,着重描述了钛合金等离子弧熔覆再制造组织的生长机制;第 6 章主要介绍了等离子弧熔覆再制造技术的典型应用案例。

本书可供从事等离子弧增材制造及再制造相关领域的工程技术人员参考,也可作为材料科学与工程和等离子弧增材制造、装备再制造等专业本科生和研究生的教材。

图书在版编目(CIP)数据

等离子弧熔覆再制造技术及应用/吕耀辉等编著. —哈尔滨:哈尔滨工业大学出版社,2019.6

绿色再制造工程著作

ISBN 978 - 7 - 5603 - 8146 - 6

Ⅰ.①等… Ⅱ.①吕… Ⅲ.①激光熔覆—研究

Ⅳ.①TG174.445

中国版本图书馆 CIP 数据核字(2019)第 073483 号

>>> 材料科学与工程
图书工作室

策划编辑　杨　桦　许雅莹　张秀华
责任编辑　李长波　庞　雪　许雅莹　王晓丹
封面设计　卞秉利
出版发行　哈尔滨工业大学出版社
社　　址　哈尔滨市南岗区复华四道街 10 号　邮编 150006
传　　真　0451 - 86414749
网　　址　http://hitpress.hit.edu.cn
印　　刷　黑龙江艺德印刷有限责任公司
开　　本　660mm×980mm　1/16　印张 13.75　字数 250 千字
版　　次　2019 年 6 月第 1 版　2019 年 6 月第 1 次印刷
书　　号　ISBN 978 - 7 - 5603 - 8146 - 6
定　　价　78.00 元

《绿色再制造工程著作》

编　委　会

《绿色再制造工程著作》

丛 书 书 目

1.绿色再制造工程导论　　　　　　　　　　　徐滨士　等编著

2.再制造设计基础　　　　　　　　　　　　　朱　胜　　等著

3.装备再制造拆解与清洗技术　　　　　　　　张　伟　等编著

4.再制造零件无损评价技术及应用　　　　　　董丽虹　等编著

5.纳米颗粒复合电刷镀技术及应用　　　　　　徐滨士　　等著

6.热喷涂技术及其在再制造中的应用　　　　　魏世丞　等编著

7.轻质合金表面功能化技术及应用　　　　　　吴晓宏　　等著

8.等离子弧熔覆再制造技术及应用　　　　　　吕耀辉　等编著

9.激光增材再制造技术　　　　　　　　　　　董世运　等编著

10.再制造零件与产品的疲劳寿命评估技术　　　王海斗　　等著

11.再制造效益分析理论与方法　　　　　　　　徐滨士　等编著

12.再制造工程管理与实践　　　　　　　　　　徐滨士　等编著

序　言

　　推进绿色发展，保护生态环境，事关经济社会的可持续发展，事关国家的长治久安。习近平总书记提出"创新、协调、绿色、开放、共享"五大发展理念，党的十八大报告也明确了中国特色社会主义事业的"五位一体"的总体布局，强调"把生态文明建设放在突出地位，融入经济建设、政治建设、文化建设、社会建设各方面和全过程，努力建设美丽中国，实现中华民族永续发展"，并将绿色发展阐述为关系我国发展全局的重要理念。党的十九大报告继续强调推进绿色发展、牢固树立社会主义生态文明观。建设生态文明是关系人民福祉、关乎民族未来的大计，生态环境保护是功在当代、利在千秋的事业。推进生态文明建设是解决新时代我国社会主要矛盾的重要战略突破，是把我国建设成社会主义现代化强国的需要。发展再制造产业正是促进制造业绿色发展、建设生态文明的有效途径，而《绿色再制造工程著作》丛书正是树立和践行绿色发展理念、切实推进绿色发展的思想自觉和行动自觉。

　　再制造是制造产业链的延伸，也是先进制造和绿色制造的重要组成部分。国家标准《再制造　术语》(GB/T 28619—2012)对"再制造"的定义为："对再制造毛坯进行专业化修复或升级改造，使其质量特性(包括产品功能、技术性能、绿色性、经济性等)不低于原型新品水平的过程。"并且再制造产品的成本仅是新品的 50% 左右，可实现节能 60%、节材 70%、污染物排放量降低 80%，经济效益、社会效益和生态效益显著。

　　我国的再制造工程是在维修工程、表面工程基础上发展起来的，采取了不同于欧美的以"尺寸恢复和性能提升"为主要特征的再制造模式，大量应用了零件寿命评估、表面工程、增材制造等先进技术，使旧件尺寸精度恢复到原设计要求，并提升其质量和性能，同时还可以大幅度提高旧件的再制造率。

　　我国的再制造产业经过将近 20 年的发展，历经了产业萌生、科学论证和政府推进三个阶段，取得了一系列成绩。其持续稳定的发展，离不开国

1

家政策的支撑与法律法规的有效规范。我国再制造政策、法律法规经历了一个从无到有、不断完善、不断优化的过程。《循环经济促进法》《中共中央关于制定国民经济和社会发展第十三个五年规划的建议》《战略性新兴产业重点产品和服务指导目录(2016版)》《关于加快推进生态文明建设的意见》和《高端智能再制造行动计划(2018—2020年)》等明确提出支持再制造产业的发展,再制造被列入国家"十三五"战略性新兴产业,《中国制造2025》也提出:"大力发展再制造产业,实施高端再制造、智能再制造、在役再制造,推进产品认定,促进再制造产业持续健康发展。"

再制造作为战略性新兴产业,已成为国家发展循环经济、建设生态文明社会的最有活力的技术途径,从事再制造工程与理论研究的科技人员队伍不断壮大,再制造企业数量不断增多,再制造理念和技术成果已推广应用到国民经济和国防建设各个领域。同时,再制造工程已成为重要的学科方向,国内一些高校已开始招收再制造工程专业的本科生和研究生,培养的年轻人才和从业人员数量增长迅速。但是,再制造工程作为新兴学科和产业领域,国内外均缺乏系统的关于再制造工程的著作丛书。

我们清楚编撰再制造工程著作丛书的重大意义,也感到应为国家再制造产业发展和人才培养承担一份责任,适逢哈尔滨工业大学出版社的邀请,我们组织科研团队成员及国内一些年轻学者共同撰写了《绿色再制造工程著作》丛书。丛书的撰写,一方面可以系统梳理和总结团队多年来在绿色再制造工程领域的研究成果,同时进一步深入学习和吸纳相关领域的知识与新成果,为我们的进一步发展夯实基础;另一方面,希望能够吸引更多的人更系统地了解再制造,为学科人才培养和领域从业人员业务水平的提高做出贡献。

本丛书由12部著作组成,综合考虑了再制造工程学科体系构成、再制造生产流程和再制造产业发展的需要。各著作内容主要是基于作者及其团队多年来取得的科研与教学成果。在丛书构架等方面,力求体现丛书内容的系统性、基础性、创新性、前沿性和实用性,涵盖了绿色再制造生产流程中的绿色清洗、无损检测评价、再制造工程设计、再制造成形技术、再制造零件与产品的寿命评估、再制造工程管理以及再制造经济效益分析等方面。

在丛书撰写过程中,我们注意突出以下几方面的特色:

1.紧密结合国家循环经济、生态文明和制造强国等国家战略和发展规划,系统归纳、总结和提炼绿色再制造工程的理论、技术、工程实践等方面的研究成果,同时突出重点,体现丛书整体内容的体系完整性及各著作的相对独立性。

2.注重内容的先进性和新颖性。丛书内容主要基于作者完成的国家、部委、企业等的科研项目,且其成果已获得多项国家级科技成果奖和部委级科技成果奖,所以著作内容先进,其中多部著作填补领域空白,例如《纳米颗粒复合电刷镀技术及应用》《再制造零件与产品的疲劳寿命评估技术》和《再制造工程管理与实践》等。同时,各著作兼顾了再制造工程领域国内外的最新研究进展和成果。

3.体现以下几方面的"融合":(1)再制造与环境保护、生态文明建设相融合,力求突出再制造工艺流程和关键技术的"绿色"特性;(2)再制造与先进制造相融合,力求从再制造基础理论、关键技术和应用实现等多方面系统阐述再制造技术及其产品性能和效益的优越性;(3)再制造与现代服务相融合,力求体现再制造物流、再制造标准、再制造效益等现代装备服务业及装备后市场特色。

在此,感谢国家发展改革委、科技部、工信部等国家部委和中国工程院、国家自然科学基金委员会及国内多家企业在科研项目方面的大力支持,这些科研项目的成果构成了丛书的主体内容,也正是基于这些项目成果,我们才能够撰写本丛书。同时,感谢国家出版基金管理委员会对本丛书出版的大力支持。

本丛书适于再制造领域的科研人员、技术人员、企业管理人员参考,也可供政府相关部门领导参阅;同时,本丛书可以作为材料科学与工程、机械工程、装备维修等相关专业的研究生和高年级本科生的教材。

中国工程院院士

徐滨士

2019 年 5 月 18 日

3

前　言

近几年,金属增材制造技术的发展使其已成为国家重点支持的绿色工业制造领域的重要技术,并且相关技术在再制造工程中的应用也越来越广泛。作者以此为出发点,对等离子弧增材制造技术在再制造工程中的应用进行了系统的研究。

本书共分为6章,第1章介绍了装备再制造技术的发展背景,着重阐述了金属增材再制造技术的国内外发展现状,指出等离子弧熔覆再制造技术的优点及发展趋势;第2章主要介绍作者自主研发的等离子弧熔覆再制造系统;第3章主要介绍了铁基合金等离子弧熔覆再制造的组织及性能特点,并介绍了自行改进设计的铁基合金粉末的组成;第4章主要介绍了镍基高温合金的等离子弧熔覆再制造组织及性能特点,包含工艺参数对成形及组织的影响,并对成形的薄壁零件组织及性能进行了表征,研究了了不同热处理制度对镍基合金等离子弧熔覆再制造组织及性能的影响;第5章主要介绍了钛合金等离子弧熔覆再制造组织及性能特点,着重描述了钛合金等离子弧熔覆再制造组织的生长机制;第6章主要介绍了等离子弧熔覆再制造技术的典型应用案例。

本书主要由陆军装甲兵学院的吕耀辉副研究员负责撰写。其中陆军装甲兵学院的刘玉欣副研究员和董世运副研究员参与了第1章和第2章的撰写;海军研究院的向永华博士和陆军装甲兵学院的闫世兴博士参与了第3章的撰写;哈尔滨焊接研究院有限公司的徐富家博士和陆军装甲兵学院的夏丹博士参与了第4章的撰写;深圳大学的林建军博士后参与了第5章的撰写;吕耀辉和向永华共同参与了第6章的撰写;全书由陆军装甲兵学院的王凯博博士和哈尔滨工业大学的赵轩博士进行整理和图文校正。

由于作者水平和时间所限,书中难免出现疏漏之处,敬请读者批评指正。

作　者

2019 年 2 月

目　　录

第1章　绪　　论 …………………………………………………… 1

1.1　装备再制造的发展背景及意义 ……………………………… 1

1.2　金属增材再制造的特点 ……………………………………… 2

　　1.2.1　金属增材再制造技术的发展现状 ……………………… 2

　　1.2.2　金属增材再制造技术存在的主要问题及发展趋势 …… 7

第2章　试验平台介绍 ……………………………………………… 11

2.1　等离子弧熔覆再制造系统设计 ……………………………… 11

2.2　金属等离子弧熔覆再制造设备本体的构成 ………………… 11

　　2.2.1　等离子弧发生系统 ……………………………………… 12

　　2.2.2　冷却水循环系统 ………………………………………… 16

　　2.2.3　三维运动工作台系统 …………………………………… 16

第3章　铁基合金等离子弧熔覆再制造组织及性能研究 ………… 18

3.1　铁基合金的特点及应用 ……………………………………… 18

3.2　铁基合金等离子弧熔覆再制造工艺研究 …………………… 22

　　3.2.1　试验方案 ………………………………………………… 22

　　3.2.2　筒形零件堆积成形试验 ………………………………… 23

3.3　铁基合金等离子弧熔覆再制造件的组织及力学性能 ……… 23

　　3.3.1　等离子弧熔覆再制造件显微组织结构 ………………… 24

　　3.3.2　多层熔覆对等离子弧熔覆再制造成形层硬度的影响 … 36

　　3.3.3　等离子弧熔覆再制造熔覆层的耐磨性能 ……………… 41

　　3.3.4　等离子弧熔覆再制造成形件力学性能的研究 ………… 42

3.4　铁基合金成形层的抗热裂机理分析 ………………………… 46

　　3.4.1　熔覆层热裂纹的产生机理及影响因素 ………………… 46

　　3.4.2　铁基合金成形件的抗热裂机理分析 …………………… 49

第4章　镍基高温合金等离子弧熔覆再制造组织及性能研究 ………… 54

4.1　镍基高温合金的特点及应用 …………………………… 54

4.2　工艺参数对 Inconel625 合金等离子弧熔覆再制造组织
　　及性能的影响 …………………………………………… 55

4.2.1　典型的沉积态组织特征 ………………………… 55

4.2.2　工艺参数对沉积态组织的影响 ………………… 62

4.2.3　工艺参数对力学性能的影响 …………………… 68

4.2.4　工艺参数对组织及性能的综合影响 …………… 69

4.3　Inconel625 合金薄壁零件熔覆再制造组织及力学性能 … 72

4.3.1　薄壁零件组织的演变特征 ……………………… 72

4.3.2　薄壁零件成形过程温度场演变规律 …………… 76

4.3.3　温度场分布特征对组织的影响机制 …………… 90

4.3.4　沉积方式对薄壁零件力学性能的影响 ………… 96

4.3.5　薄壁试样力学性能的影响因素 ………………… 98

4.4　热处理对 Inconel625 合金熔覆再制造零件组织及性能的影响 … 99

4.4.1　直接时效热处理对组织的影响 ………………… 99

4.4.2　固溶时效热处理对组织的影响 ……………… 101

4.4.3　热处理条件下组织中相的转变机制 ………… 104

4.4.4　热处理工艺对力学性能的影响 ……………… 107

第5章　钛合金等离子弧熔覆再制造组织及性能研究 ……… 113

5.1　钛合金的特点及应用 …………………………………… 113

5.1.1　钛合金晶体结构和各向异性特征 …………… 113

5.1.2　元素对相转变的影响 ………………………… 115

5.1.3　Ti－6Al－4V 合金的应用 …………………… 116

5.2　脉冲等离子弧熔覆再制造工艺参数对其成形性及组织的
　　影响规律 ………………………………………………… 117

5.2.1　等离子弧熔覆再制造工艺方案设计 ………… 117

5.2.2　熔覆再制造相关工艺参数影响机理分析 …… 121

5.2.3　脉冲等离子弧熔覆再制造单道多层模型验证 …… 146

5.3 脉冲等离子弧增材制造 Ti－6Al－4V 合金组织的演变特征······ 150
　　5.3.1 增材制造相关工艺参数的设定 ················· 150
　　5.3.2 TC4 合金的组织与性能研究 ·················· 151
　　5.3.3 TC4 合金的组织生长机制与性能研究 ············· 164

第 6 章　等离子弧熔覆再制造技术的典型应用案例 ··········· 180
6.1 引　言 ································ 180
6.2 排气门等离子弧熔覆再制造 ····················· 180
　　6.2.1 试验条件及试验方法 ··················· 181
　　6.2.2 工艺参数优化 ······················ 183
　　6.2.3 排气门成形层的组织分析 ················· 184
　　6.2.4 成形层性能测试 ····················· 186
　　6.2.5 成形层的后加工 ····················· 189
　　6.2.6 发动机排气门等离子弧熔覆再制造的结果分析 ······ 189

参考文献 ·································· 191

名词索引 ·································· 202

第1章 绪 论

1.1 装备再制造的发展背景及意义

再制造工程是以装备全寿命周期设计和管理为指导，以优质、高效、节能、节材、环保为目标，以先进技术和产业化生产为手段，修复、改造废旧装备的一系列技术措施和工程活动的总称。再制造产品的质量和性能可以达到或超过新品，而成本仅是新品的50%，可实现节能60%、节材70%、污染物排放量降低80%，经济效益、社会效益和生态效益显著。再制造工程在我国尚处于起步阶段，其基础理论和相关的关键技术正在不断完善和迅速发展[1-5]。

以电子计算机为核心的信息技术的迅猛发展为新制造技术的发展提供了前所未有的物质基础，因此先进快速零件制造技术应运而生[6]。三维焊接熔覆再制造技术作为快速零件制造技术的一种，得到了迅猛发展。该技术是先进CAD技术与现有成熟焊接技术有机结合的产物，与其他直接金属增材再制造技术相比，它提供了一种相对低成本的直接快速制造功能金属零件的技术。该技术的优势在于，在金属零件快速制造的金属堆积方法方面，有多种成熟并高效的焊接工艺方法可供选择，并且强度及其他性能完全能够满足其使用要求。因此，一旦焊接熔覆增材再制造若干关键技术得到更好的解决，其应用前景将更加广阔[7]。

金属增材再制造技术是一种全密度金属零件无模直接成形技术，它的研究和发展促进了增材再制造技术（RP技术）在装备制造业中的广泛应用，因此国内外的众多学者和研究机构纷纷投入到这项技术的研究中，使得许多种类的金属增材再制造工艺应运而生。其中，被研究较多的有激光近净成形（Laser Engineered Net Shaping，LENS）技术[8]、激光直接制造（Direct Laser Fabrication，DLF）技术[9-10]、激光立体成形（Laser Solid Forming，LSF）技术[11]、电子束自由成形（Electron Beam Freeform Fabrication，EBFF）技术[12]和弧焊（3D Welding）增材再制造技术[13]。

1.2　金属增材再制造的特点

1.2.1　金属增材再制造技术的发展现状

1.激光增材再制造技术

激光增材再制造技术是目前发展最快、应用最广的RP技术之一,这是因为其在成形金属零件方面具有独特的优势,如成形精度高、成形零件(倾斜薄壁、悬垂构件、复杂空腔等)复杂程度高、可成形高熔点的难加工材料、成形零件组织性能优越等。图1.1所示为激光增材再制造的典型零件。美国在1995年首先提出高质量的金属零件激光增材再制造技术,并在美国能源部研究计划的支持下,由Sandia国家实验室和Los Alamos国家实验室开发了激光近净成形(LENS)技术[14]和激光直接制造(DLF)技术[15]。LENS与DLF系统的主要区别是激光器功率、沉积效率、扫描路径的数据存储格式以及数控机床的自由度不同。这两个实验室利用这两种技术成形了镍基合金、钛基合金及难熔金属的零件,优化了零件的成形工艺和组织性能。由于该技术在高性能钛合金结构件成形方面的优势,美国MTS公司在1997年成立了AeroMet公司,专门用于研究飞机钛合金结构件的激光增材再制造关键技术[16-17],并于2000年9月对激光增材再制造钛合金飞机的机翼结构件进行了地面性能考核试验,结果表明构件的所有机械性能达到飞机的设计要求。

在激光增材再制造过程中,由于成形零件的形状会随着熔池温度的改变而不断变化,因此如何搭建用于控制熔池尺寸和温度分布的成形系统,对于提高成形零件的精度和组织性能的均匀性至关重要。国外的研究机构纷纷建立了闭环反馈的增材再制造系统,其主要是通过提取成形层厚度、高度、熔池的温度及形状等参数的监测信号,来反馈控制激光的能量、扫描速度、材料的填充量等工艺参数,使成形零件的精度达到最佳效果。诺丁汉大学的G. J. Bi等人[18]和密西根大学J. Mazumder等人[19]均建立了基于激光、传感器、计算机数控平台、CAD/CAM、冶金学等多方面技术的增材再制造闭环系统,如图1.2所示;并利用该系统成功制备了高精度的不同金属材料(包括不锈钢、钛合金、镍合金及其他高温合金等)的零件,如图1.3所示。

目前,国内的相关研究机构在国家"863计划"及"973计划"等项目的

图1.1 激光增材再制造的典型零件[15-17]

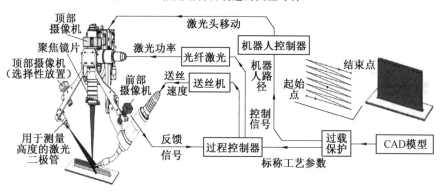

图1.2 激光增材再制造闭环反馈系统[18]

支持下,也对激光增材再制造技术展开了深入的研究,其中包括西北工业大学[11]、华中科技大学[20]、北京航空航天大学[21]、中国人民解放军陆军装甲兵工程学院[22]及清华大学[23]等。激光增材再制造的研究方向主要集中在激光增材再制造系统的建立、工艺的优化、热循环过程的模拟和计算以及组织性能的表征等方面。总之,激光增材再制造的研究逐渐趋于成熟,但仍存在一些不足,原因在于成形过程中高的温度梯度和冷却速率使零件内部存在较大的残余应力,进而导致严重的变形及开裂等问题。因此

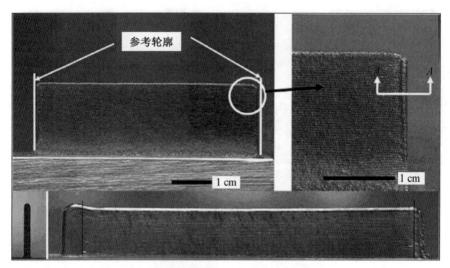

图1.3　利用闭环反馈系统成形的薄壁零件[18]

需要进一步研究并掌握不同的成形材料在激光增材再制造过程中内应力的演变规律及其有效的控制方法。

2. 电弧增材再制造技术

电弧增材再制造技术以其高效率、低成本的特点同样受到广泛的关注。电弧增材再制造技术的兴起要早于增材再制造概念的提出,在 20 世纪中期,德国和瑞士曾利用埋弧焊效率高、质量好、适合大型零件成形的特点,成功制造了全焊缝金属的大型压力容器,该工艺被称为成形焊接(Shaping Welding)[24-25],到了 20 世纪 80 年代末,美国的 Babcock & Wilcox 公司采用熔化极气体保护焊(Gas Metal Arc Welding,GMAW)和等离子熔化极惰性气体保护焊(Melt Inert-gas Welding,MIGW)混合焊工艺成形了大型的不锈钢和镍基合金零件[26]。随着焊接技术和 RP 技术的发展,更多种类的弧焊增材再制造技术被开发并用于不同材料金属零件的成形。

目前根据不同的工艺特点,电弧增材再制造系统主要分为:基于熔化极气体保护焊(GMAW)[27-28]、钨极氩弧焊(Gas Tungsten Arc Welding,GTAW)[29]、等离子弧焊(Plasma Arc Welding,PAW)[30-31] 以及 3D 焊接切削复合[32-33] 这 4 种成形方式。GMAW 增材再制造技术的特点在于:采用焊丝作为电极,可选用高密度电流,生产效率高,但成形精度差。采用 GTAW 进行增材再制造的优点在于电弧和熔池可见性好,操作方便;没有熔渣或熔渣很少,成形精度较 GMAW 要高;但成形效率要低一些。PAW

的增材再制造工艺具有等离子弧能量密度集中及热输入的可控性好等优点,并且熔池的尺寸可以通过调节脉冲参数来准确控制,从而有效改善成形零件的精度,PAW 与 GTAW 产生电弧的形态对比如图 1.4 所示[31]。三维堆积－铣削组合成形方式是将增材再制造思想与传统的加工原理相结合,即在堆积完一层后,进行铣削处理,然后重复这一过程,其成形原理及典型零件如图 1.5 所示。该复合技术克服了弧焊增材再制造精度低的缺点,并使复杂零件的弧焊增材再制造成为可能,但成形效率低、成本高。

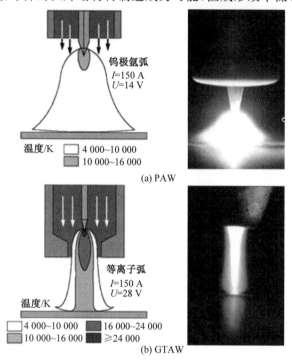

图1.4　PAW 与 GTAW 产生电弧的形态对比[31]

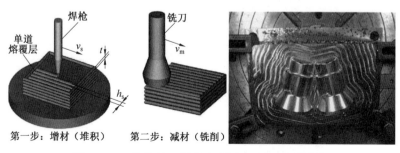

图1.5　三维堆积－铣削成形原理及典型零件[32]

　　国内外的众多学者和研究机构纷纷开展了弧焊增材再制造技术的研究，见表1.1，研究材料非常广泛，包括了铁基、镍基、铝基以及钛基等大多数金属材料，方向主要包括系统的建立、工艺的优化以及组织性能的表征。总结下来，国外的研究成果要优于国内的研究成果，特别是在弧焊增材再制造技术系统的建立方面，国内的弧焊增材再制造系统普遍存在的不足有以下几点：① 控制精度不高以及稳定性差，特别是不具备闭环反馈系统，从而使得成形质量普遍不高；② 大多数系统不具备计算机前处理软件系统，从而很难实现复杂零件成形的路径规划；③ 系统柔性差，随着成形零件复杂性的增加，需要集成自由度高的CNC加工系统或焊接机器人；④ 大多数系统仍然采用单一的弧焊增材再制造方式，没有铣削结合的复合成形系统。

表 1.1　国内外开展弧焊增材再制造技术研究的主要机构

成形材料	成形工艺	焊丝直径 /mm	研究机构
H08Mn2SiA 焊丝	GMAW	1.2	华中科技大学
	GTAW	0.8	南昌大学[28,29]
	GMAW	0.8	哈尔滨工业大学[34]
ER50－6 焊丝	GMAW	1.2	哈尔滨工业大学[35]
	GMAW	1.2	西安交通大学[30]
304L 焊丝	PAW	0.4	西安交通大学[31]
316L 焊丝	激光焊接	0.8	英国曼彻斯特大学[36]
AISI1018 焊丝	GTAW	0.8	美国南卫理公会大学[13]
4043 铝合金焊丝	VP－GTAW	1.2	美国南卫理公会大学[37]
E70S－6 焊丝	三维焊接和铣削	0.9	韩国科技学院[33]
SS308 焊丝	GMAW	0.9	美国肯塔基大学[38]
Inconel718 焊丝	GMAW	1.0	葡萄牙敏豪大学 澳大利亚万隆宫大学[39]
Inconel600，SUS304 Invar42，钛金属焊丝	3DMW	0.2	日本大阪大学，北海道大学，国立技术学院[40-43]

　　注：表1.1主要摘自参考文献[44]

3. 电子束增材再制造技术(电子束 3D 打印技术)

电子束 3D 打印技术是 20 世纪 90 年代发展起来的一种新型金属增材制造技术,其典型技术原理如图 1.6 所示[45]。第一步与其他金属的增材制造技术相似,对模型进行数字化分层切片处理,整体加工成形处于真空环境中,每加工完一层,工作台下降一个高度,最终成形出所需零件,多余的粉末则采用高压空气吹出。该技术最初的设想是由美国麻省理工学院 Dave 等人提出的,但 2001 年瑞典的 Arcam 公司则率先推出了一整套以电子束作为热源的金属增材制造技术设备,近年来 Arcam 公司在电子束技术设备的更新上速度惊人,目前已经能够制备最大尺寸为 200 mm × 200 mm ×350 mm、精度为 ±0.3 mm 的金属零件,成形速度为 10 ~ 100 m/s。我国清华大学[46]、西北有色金属研究院[47]、上海交通大学[48] 等单位在电子束 3D 打印技术方面也取得了重大突破。清华大学的林峰教授带领团队在 2004 年成功研制了国内第一台实验室用的选区电子束熔化 (Selective Electron Beam Melting,SEBM) 技术加工设备;2007 年,西北有色金属研究院的汤慧萍等人与清华大学林峰教授的团队联合开发了高精度超薄层铺粉的钛合金 SEBM 成形设备,最大尺寸为 230 mm × 230 mm ×250 mm,精度可达 ±1 mm,铺粉厚度为 100 ~ 300 μm。

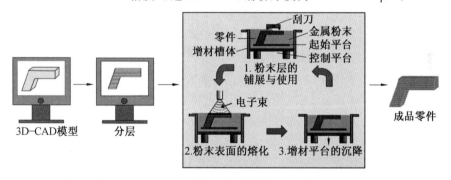

图1.6　电子束 3D 打印技术原理示意图

1.2.2　金属增材再制造技术存在的主要问题及发展趋势

1. 金属增材再制造技术存在的主要问题

(1) 材料方面。

目前在三维焊接熔覆增材再制造的研究中,选用的材料按形状可分为丝材和粉末两大类。丝材一般使用低碳钢合金焊丝、不锈钢焊丝等,粉末材料则大多选用铁基或镍基等自熔剂合金粉末。这些材料基本都是针对金属零件表面焊接修复而开发的,并不适合于焊接熔覆增材再制造。以合金粉末材料为例,在绝大多数的金属零件表面熔焊修复过程中,均需熔覆层具有较高的强度和耐磨性。因此在成分设计时,采用固溶强化、弥散强化等多种手段,提高熔覆层的硬度及耐磨性等。如在成分设计时将碳质量分数提高,使在熔覆层中形成金属碳化物强化相,或者加入一定量的 WC及 TiC 等金属陶瓷颗粒等。这些合金粉末在增材再制造多层熔覆的情况下,熔覆层具有较高的开裂倾向,会产生较大的应力积累和变形,不利于保证增材再制造件的成形精度和成形质量,因此迫切需要研制增材再制造的专用材料体系。

(2)成形精度控制。

焊接成形采用逐层熔覆堆积的方法来制造零件,会不可避免地产生残余应力、内应力,使零件发生翘曲变形。焊接应力不但可能引起热裂纹、冷裂纹、脆性断裂等工艺缺陷,而且其产生的变形累积会严重影响成形件的几何精度,这种累积误差到了一定程度甚至会使增材再制造过程无法进行。

由于三维焊接熔覆增材再制造的工艺还不完善,特别是对增材再制造制作工艺和软件技术等方面的研究还不成熟,目前增材再制造件的精度及表面质量还不能很好地满足工程需要,不能作为功能性零件,为提高成形件的精度和表面质量,必须改进成形工艺和成形软件。

(3)成形组织和性能控制。

三维焊接熔覆增材再制造方法的本质是采用焊接技术,用逐层堆焊的方法制造零件。因此,三维焊接熔覆增材再制造过程的热循环比一般焊接过程的热循环复杂得多,组织转变过程也更复杂,增加了零件性能控制的难度。采用不同的焊接工艺方法、不同的焊接工艺参数,零件几何尺寸的改变都将影响零件成形的热循环过程及零件的性能。系统地研究焊接熔覆技术成形规律,研究多种因素对零件成形过程的影响,是焊接增材再制造技术必须考虑的问题。

2. 金属增材再制造的发展趋势

(1)基础理论研究。

目前关于焊接的基础理论研究中,针对单道单层熔覆的相关理论已比较成熟,但对增材再制造多层熔覆条件下的基础理论研究还相对较少。因此有必要深入研究在增材再制造多层熔覆条件下,熔覆材料的传热与多层堆积热量的积累现象,揭示三维焊接熔覆增材再制造工艺的传热学机理;

研究增材再制造过程中,传热与层间应力及成形后工件内部热应力的关系,揭示成形工件的传热、应力以及变形之间的关系;研究熔覆过程中,在不同工艺参数条件下,成形表面温度与熔敷层宽度、高度及熔深的关系,建立熔池体积的理论模型;加强微观力学研究,通过建立微观成分单独的力学行为与宏观地考虑损伤的本构关系,预测宏观原型性能,并控制其微观缺陷。

（2）软硬件设计。

三维焊接熔覆增材再制造设备昂贵的价格严重制约了该技术的推广和应用,这使得各增材再制造设备的供应商和研究机构将开发低成本的增材再制造设备作为主要目标加以研究。

随着焊接熔覆增材再制造技术研究与应用的不断深入,软件处理的精度和速度、软件对复杂模型的处理能力正成为该技术进一步发展的瓶颈。因此,需要针对焊接熔覆增材再制造的特点设计专用软件,实现分层切片、优化焊接熔覆路径的规划算法等。国内外的相关研究机构对此都非常重视,并投入大量人力和资金进行软件的研究和开发。

（3）熔覆材料研究。

三维焊接熔覆增材再制造技术出现后,与之对应的新型材料也就成了研究的重点和热点,为此,增材再制造技术的开发者和相关技术的研究者正在进行大量的研究和试验工作。新型熔覆材料要求在增材再制造多层熔覆条件下具有良好的成形性和抗裂性。目前,增材再制造技术材料研究的主要目标是提高成形精度和成形效率,并使其能满足后续应用的要求。

（4）成形工艺优化。

成形过程中零件的变形是影响成形件形状精度及尺寸精度的最主要因素,而变形主要是由熔覆层在层层堆积时所产生的应力所致。这些应力包括热应力、相变应力和拘束应力,其中热应力为主要应力。如何通过成形工艺手段降低成形件的应力水平,进而减小成形件的变形,研究者也进行了大量的研究。

（5）数值分析方法和技术辅助研究。

焊接熔覆增材再制造过程是多参数耦合作用的复杂过程,受包括焊接方法、焊接规范参数及成形零件的几何形状和尺寸等因素的影响,因此必须解决如何通过控制焊接参数有效地控制零件的几何尺寸、金相组织转变、内应力变化及变形等诸多复杂问题。解决这些问题若依靠传统的工艺试验方法不仅试验周期长、费用大,更难于从理论上系统地解决问题,而采用计算机数值模拟仿真技术解决上述问题是可行的。利用电子计算机及数值分析方法等技术手段可以建立焊接熔覆成形过程模型，并从理论上系统地研究如何解决焊接过程中参数与零件几何成形、显微组织相变、变形等关系的基础问题。在此基础上，实现焊接近净成形零件的虚拟设计与虚拟制造，并使之成为焊接熔覆增材再制造技术不可缺少的组成部分。

第 2 章　　试验平台介绍

2.1　　等离子弧熔覆再制造系统设计

本章介绍金属等离子弧熔覆再制造总体设计技术及系统集成技术,主要包括等离子弧熔覆再制造技术、三维运动控制技术等。在此基础上,介绍了作者自主开发研制的等离子弧熔覆再制造系统样机,该系统结构较完整、功能较完善、可靠性较高,可以直接成形全密度金属功能零件。

根据金属等离子弧熔覆再制造系统的功能需求,作者研制了基于可逻辑性编程控制器(Programmable Logic Controller,PLC)的集成系统,并编写了 PLC 的控制程序,使各个功能模块在工控计算机的统一指令下完成协同运动,实现自动化程度较高的金属粉末等离子弧熔覆再制造全过程,从而制造出全密度金属功能近净成形零件。

2.2　　金属等离子弧熔覆再制造设备本体的构成

金属等离子弧熔覆再制造设备本体采用模块化设计思想,其组成模块主要包括 200A 等离子弧发生系统、冷却水循环系统、操作机与变位机系统、运动控制硬件系统、系统控制软件系统等,该成形机通过中央控制计算机与 PLC 控制器,分别对各模块实施联合控制,组成了一个小型分布式控制系统。图 2.1 所示为金属等离子弧熔覆再制造设备系统的结构原理示意图。

由图 2.1 可见,金属等离子弧熔覆再制造设备系统的所有组成系统的工作行为都是在工控计算机的统一指令下完成协同运动的。等离子弧发生系统主要包括等离子电源、工作气体、粉末等离子焊枪等;冷却水循环系统为等离子焊枪提供循环冷却水,用以带走等离子弧产生的热量,从而避免等离子焊枪的烧损;送粉器系统由送粉器、粉末输送管路、焊枪粉末喷嘴和氩气保护气路组成,焊枪喷嘴送粉克服了侧向送粉只能单向运动的缺点,是实现粉末等离子弧熔覆再制造过程自动化的关键因素;三维运动工作台系统主要由精密三维 $X-Y-Z$ 轴操作机及其驱动电机和可 360° 旋转

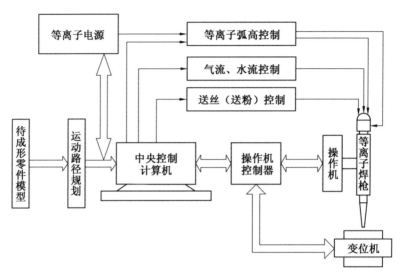

图2.1 金属等离子弧熔覆再制造设备系统的结构原理示意图

的变位机及其驱动电机组成，$X-Y$ 轴完成焊枪的二维运动路径，Z 轴则完成距离等于一个分层厚度的系列间歇运动，从而完成工件的增高直至工件最后成形结束；运动控制硬件系统主要由工控计算机、PLC 控制器、I/O 控制卡、开关电源、步进电机驱动器等硬件设备组成，它是实现自动化成形过程的硬件基础，其主要控制对象包括等离子电源的开关、三维工作台运动、送粉步进电机运动等；系统控制软件是专门为实现对粉末等离子弧熔覆再制造设备进行整体控制而开发的软件控制系统，粉末等离子弧熔覆再制造设备系统只有在控制软件系统的控制管理下才能实现完整、有序、协调的零件成形运动全部过程。图 2.2 所示为等离子弧熔覆再制造系统结构示意图。下面对等离子弧熔覆再制造设备各个组成系统进行详细论述。

2.2.1 等离子弧发生系统

在等离子弧发生系统中，等离子电源是该系统的核心组成部分。该等离子电源由装备再制造技术国防科技重点实验室自行研制。

为了引燃主工作电弧，或使等离子弧在较小的电流下能够稳定燃烧，必须首先在等离子枪钨极和喷嘴之间引燃电弧（即维弧（Pilot Arc）），提高电弧空间离子气氛的浓度。由维弧引燃主电弧，当维弧与主电弧共同工作时，称为联合等离子弧；如果维弧引燃主电弧后关闭，则称为转移等离子弧，等离子弧的工作方式如图 2.3 所示。

逆变高频引弧电源采用单端正激电路拓扑结构，与推挽、半桥或全桥

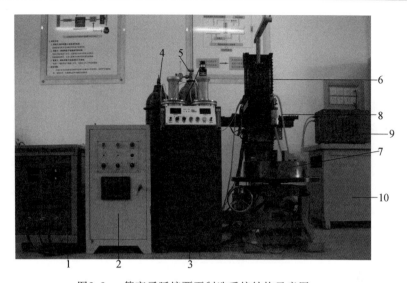

图2.2　等离子弧熔覆再制造系统结构示意图

1— 等离子电源;2— 控制器;3— 送粉器;4— 离子气;5— 保护气;6— 操作机;
7— 变位机;8— 焊枪;9— 水冷机;10— 控制计算机

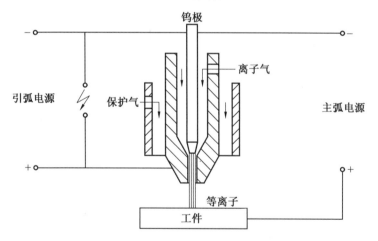

图2.3　等离子弧的工作方式

等双端式逆变电源相比,单端逆变的主变压器磁芯的磁滞回线只在第一象限工作。因此,从磁芯利用率来看,单端逆变结构变压器的利用率比较低,但是其桥臂开关数量只有双端逆变电路桥臂开关数量的一半,因此,与之对应的驱动电路也只有采用双端逆变电路时的一半,简化了控制及驱动电路的结构。更主要的是,单端逆变电路不会像全桥、半桥等逆变电路那样产生桥臂直通问题,极大地提高了电路工作的安全性和可靠性,因此在中小功率逆变电路中,是比较理想的逆变拓扑结构。

作者所设计的高频引弧电源采用双晶体管、二极管嵌位电路正激逆变电路,如图 2.4 所示,VT_1 和 VT_2 在驱动脉冲的作用下同步开通、关断,当 VT_1、VT_2 开通时,高频变压器 T 二次绕组通过二极管 VD_3 和滤波电感 L 向负载提供能量,并通过电感 L 储能,当 VT_1、VT_2 关断时,储存在电感 L 中的能量通过续流二极管 VD_4 继续向负载释放。对于高频主变压器而言,在开关管关断时,变压器原边绕组上电压极性颠倒,VD_1、VD_2 导通,电压被嵌位于输入电压,VT_1、VT_2 上的电压为输入电压,即为 310 V 左右,因此采用 400 V 左右比较常用的金属 — 氧化物半导体场效应晶体管 (Metal-Oxide Semiconductor Field Effect Transistor,MOSFET) 作为开关管完全满足使用要求。

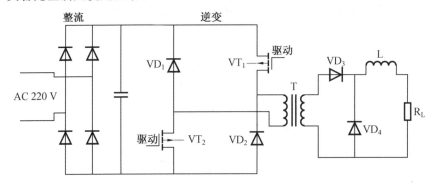

图2.4　单端正激逆变电源原理简图

作者所研制的等离子弧焊接主电源主电路采用全桥逆变结构。每个桥臂的开关管由两只功率不同的 MOSFET 并联,以增大输出功率。采用全桥结构使得每只功率管分担 1/2 的输入电压,降低了 MOSFET 功率管的耐压要求,图 2.5 所示为主电源的逆变结构原理图。交流 220 V 经 D_1 ∼ D_4 整流后,通过 C_1 滤波,变成平直的直流电 U_{in},VT_1 ∼ VT_3 为桥臂开关,每组由两只 IRF460 功率的 MOSFET 并联构成,VT_1、VT_3 同步导通关断,VT_2、VT_4 同步导通关断,二者之间设定死区时间,在死区时间内,四对开关管全部关断。

在全桥逆变中,输入电压全部施加在变压器 T 的原边,同时变压器磁芯交替工作在第一、三象限,提高了磁芯利用率;副边采用带中心抽头的全波整流方式,与桥式整流相比,虽然多了一个中心抽头,但是减少了一对整流二极管的数量,降低了管压降,提高了电源的效率。

图 2.6 所示为调试过程中主电源驱动脉冲和 MOSFET 管压降波形

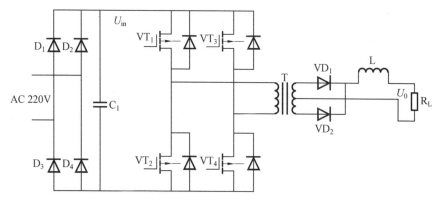

图2.5　主电源的逆变结构原理图

图,图中第一行为脉冲变压器的驱动波形,第二行为 MOSFET 的管压降波形。

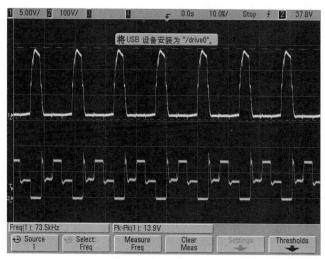

图2.6　调试过程中主电源驱动脉冲和 MOSFET 管压降波形图(将 USB 设备安装为"/drive0")

　　图 2.7 所示为等离子弧主电源,图 2.8 所示为等离子电源的高频引弧电源模块。引弧电源一般的工作电流在 10 A 左右,因此,电源功率很小,可以采用单端正激高频逆变方式,为了减小电源体积,逆变频率为 70 kHz,采用软磁铁氧体作为主变压器磁芯。

图2.7　等离子弧主电源　　图2.8　等离子电源的高频引弧电源
　　　　　　　　　　　　　　　　　模块

2.2.2　冷却水循环系统

冷却水循环系统利用冷却粉末等离子焊枪保证系统得以正常、稳定、持续地工作。在等离子弧系统的工作过程中,等离子枪产生的等离子弧的焰流中心最高温度可达 20 000 ℃ 左右,因此必须保证焊枪有可靠的水冷系统。冷却水循环系统主要由水压为 0.39 MPa 的水泵、容积为 25 L 的散热水箱以及水道管路组成。

2.2.3　三维运动工作台系统

本熔覆再制造系统的操作过程是通过对操作机与变位机的联合控制来实现的。操作机与变位机的作用是在成形过程中按照成形的轮廓实现三维运动,保证成形件堆积成形的精度。在熔覆再制造过程中,将焊枪固定在操作机上,操作机可以实现 X、Y、Z 三个方向的运动,采用步进电机驱动、精密滚珠丝杠传动、滚动导轨导向。驱动电机体积小、力矩大、低频特性好、运行噪声低,与滚珠丝杠直接连接实现高分辨率驱动。成形时成形基板固定在变位机上,变位机可以实现 360° 旋转,也可以完成一定的俯仰动作。本系统的操作机和变位机经调试,符合扫描系统加速度高、扫描速度快、运动精度高和定位准确的要求。

金属粉末等离子弧熔覆成形系统按照运动轨迹数据、在运动控制系统的驱动下,由各个硬件组成模块完成统一协调的运动,从而自动完成金属零件的成形加工全部过程。我们自主研发的粉末等离子弧熔覆成形系统的具体技术指标如下:

（1）等离子电源类型为逆变式等离子电源，其最大输出功率为 6 kW。

（2）$X-Y-Z$ 轴的最大行程为 250 mm×250 mm×1 000 mm，X、Y 轴的运动精度为 ±0.05 mm，Z 轴的运动精度为 ±0.2 mm。

（3）零件成形精度为 ±0.5 mm。

（4）加工层厚为 0.05～2 mm。

（5）X、Y、Z 轴的最大运动速度为 1 500 mm/min。

（6）X、Y、Z 轴定位精度为 ±0.005 mm/200 mm。

（7）变位机水平承重载荷为 500 kg；运动角速度为 0.2～2 r/min；运动精度为 ±0.05 mm；变位机可翻转 0°～90°。

（8）粉末流量为 1～20 g/min。

（9）粉末粒度要求为 150～300 目。

（10）保护气流量为 0～20 L/min。

（11）加工材料有钴基合金、镍基合金和铁基合金。

第3章 铁基合金等离子弧熔覆再制造组织及性能研究

3.1 铁基合金的特点及应用

以 Fe 为基本材料,加入质量分数约 15% 的 Cr 和一定量的 B、Si 等元素,形成 Fe－Cr－B－Si 系列粉末。铁基合金粉末又分为低碳和高碳两种,C 的质量分数小于 1.5% 的铁基合金粉末称为铁铬硼硅粉末,这种粉末是农机和矿山设备中常用的粉末,具有较好的耐磨性、耐腐蚀性和耐高温性能,但抵抗应力性能差。C 的质量分数大于 1.5% 的铁基合金粉末称为高碳铬铁粉末,它含有较高的 Cr 和 C,耐磨性、耐高应力的磨粒磨损性能很好,并具有一定的耐腐蚀性能,但抗裂性和液态流动性均较差。为了提高合金在某一方面的性能,加入了适量的 Co、Ni、Mo、Cu、Mn、V 等其他元素。如加入 Co、Ni 可改善合金的韧性,提高抗蚀性;加入 Mo、Cu 可提高抗蚀性;加入 Mn 可起到强化合金的作用;加入 V 可使晶粒细化。铁基合金粉末最大的优点就是原料来源广、价格低,并且堆焊出的焊层耐磨性良好[49]。

本章采用的是自制备的铁基合金粉末,该合金粉末的成分及性能检测如下。

1. 化学性能检测

(1) 粉末合金元素质量分数的测定。

对粉末所含的主要元素(Ni、Cr、Mo、Nb、B、Si、Ce、Fe)进行测定。除对 Si 采用化学分析的方法进行测定以外,其余的元素都采用电感耦合等离子体原子发射光谱(Inductive Coupled Plasma,ICP)法进行测定。所有元素的测定均由北京矿冶研究总院分析测试中心来完成,然后将粉末设计成分与测试结果进行比较。

由表 3.1 可看出测试结果中元素的质量分数基本符合设计要求。另外,元素 Si 的质量分数略高于其设计值,这是因为熔炼炉的内衬是用 SiO_2 制成的,在熔炼过程中内衬中少量的 Si 进到粉末中。

表 3.1　设计成分与测试结果的比较　　%（质量分数）

元素	Ni	Cr	Mo	Nb	B	Si	Ce	Fe
设计成分	7	13	2	0.5	1	1	0.3	余量
测试结果	7.21	12.87	1.89	0.38	0.87	1.34	0.24	余量

（2）粉末杂质元素质量分数的测定。

S、P、O 元素属于合金粉末中的杂质元素，S 在合金粉末中以 FeS 的形式存在，FeS 与 Fe 形成熔点较低的共晶体（熔点为 985 ℃），加大熔覆层的热裂倾向。P 能全部溶于铁素体，使熔覆层的强度、硬度提高，其塑性、韧性则显著降低，尤其是低温时更为严重，这种现象称为冷脆性。O 元素的质量分数增加会使熔覆层的强度、塑性降低，熔覆层中的 FeO 与其他夹杂物形成低熔点的复合化合物聚集在晶界上时，会造成熔覆层的热脆性，另外，合金粉末中 O 元素的质量分数过高时，在熔覆过程中，会与粉末中 B、Si 元素反应生成硼硅酸盐而浮于熔覆层表面，形成大量的焊渣，使粉末成形性急剧降低，因此，在粉末制备过程中采用了多种方法除氧。为检验粉末冶炼质量，有必要对粉末中 S、P、O 等杂质元素的质量分数进行检测，以检验这些杂质元素的质量分数是否能控制在一定的范围。

表 3.2 所示为粉末中杂质元素 S、P、O 质量分数的测定结果，由表 3.2 可以看出，粉末中杂质元素 S、P、O 的质量分数均控制在较小的范围。

表 3.2　粉末中杂质元素的质量分数测定结果　　%

杂质元素	S	P	O
质量分数	0.01	0.006	0.047

（3）粉末相的结构分析。

采用德国布鲁克的 DS－ADVANCE X 射线衍射仪对粉末进行相分析。从图 3.1 对粉末 X 射线衍射的分析结果可以看出，粉末主要由两相组成，分别为 γ（FeCrNi）相及 α－Fe 相。

2. 物理性能检测

（1）形貌观察。

粉末颗粒形貌主要指粉末颗粒的几何形状及其表面特征。几何形状可采用测定椭圆形颗粒的短轴与长轴之比（统计值）来评定，球化程度越高，粉末固态流动性越好；表面特征是指表面颜色、光滑程度等。雾化法制取的金属粉末颗粒内部有时存在大小不等的孔洞，有些孔洞穿透颗粒至其表面，有些孔洞则封闭在颗粒内部。观察这类孔洞通常使用光学金相显

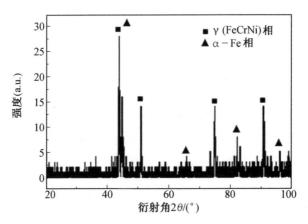

图3.1　对粉末 X 射线衍射的分析结果

微镜。

　　图 3.2 所示为粉末的扫描电子显微镜形貌分析。由图 3.2 可以看出，粉末大多数呈球形，少量呈纺锤形或不规则形。粉末没有达到 100％ 球形，除了与粉末雾化工艺因素有关外，与粉末中 B 元素的质量分数亦有关，文献资料表明，只有当粉末中 B 元素质量分数大于 1.5％ 时，粉末才能达到完全球化；当 B 元素的质量分数低于 0.7％ 时，不规则形状的粉末会增多。本粉末配方为了降低粉末熔覆层裂纹的敏感性，虽然 B 元素的质量分数较低，但仍高于 0.7％，因此粉末球化效果良好，这对提高粉末的流动性，进而保持粉末具有良好的成形性是十分重要的。

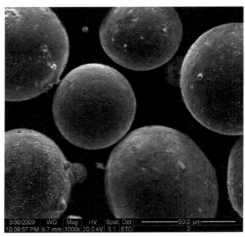

图3.2　粉末的扫描电子显微镜形貌分析

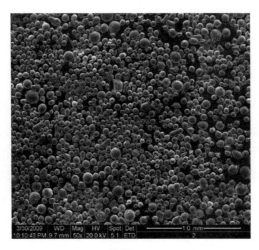

续图3.2

（2）粉末粒径分布。

粉末粒径大小及其范围的选择主要由熔覆方法和熔覆工艺规范参数来确定。粉末的粒径范围及其粒度级别组成对熔覆层质量和流动性能均有直接的影响。对试验采用的粉末进行粒径分析，粒径分析仪器采用的型号是 MASTER SIZER 2000，使用水作为分散剂，分析的粒径范围为 $0.020 \sim 2\,000\ \mu m$。

从图3.3可以看出，粉末的粒径基本呈现正态分布，粒径范围主要集中在 $60 \sim 200\ \mu m$，所以粉末的粒径分布情况完全符合试验要求。

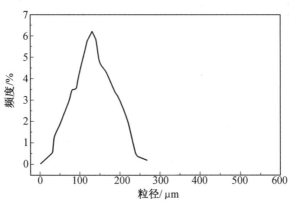

图3.3　粉末粒径的分布曲线

3.2 铁基合金等离子弧熔覆再制造工艺研究

3.2.1 试验方案

试验条件及参数如下：基体材料为 $100\text{ mm} \times 100\text{ mm} \times 10\text{ mm}$ 的 A3 钢试板，将试板刚性固定在散热铜板上，等离子焊枪固定在操作机上。粉末材料采用自研合金粉末。在试验过程中，变位机按固定转速转动，等离子焊枪只沿高度方向运动，每熔覆完一层后等离子焊枪提高 1.2 mm。为了降低熔覆时的应力，试验时每熔覆两层，变位机按反方向转动，依次逐层堆积，直至形成最终零件，变位机旋转速度为 2 r/min。成形开始的四层由于基板散热良好，因此采用 70 A 较大的熔覆电流，然后每间隔两层熔覆电流降低 2.5 A，直到熔覆电流稳定在 45 A。加工过程的基本参数见表 3.3，图 3.4 所示为成形零件的三维图。

表 3.3　加工过程的基本参数

等离子电流	初始电流	70 A
	电流变化	从第五层开始每隔两层降低 2.5 A
	末段电流	45 A
熔覆速度		50 mm/min
层数		80

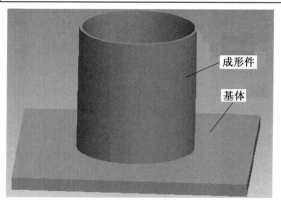

图3.4　成形零件的三维图

3.2.2　筒形零件堆积成形试验

由于最初基体并没有预热,它需要吸收大量的热而将自身加热,故金属粉末熔化吸收能量的同时,基体本身也需要吸收大量的热。如果等离子弧功率小、能量少,则易使粉末不能熔化或熔不透,金属粉末形成细小的颗粒状黏附在第一层上,会对后续的堆积造成不良影响,因此开始采用了较大的熔覆电流(70 A)。随着堆积的进行,等离子熔池已经不需要太多的热量,故逐渐降低等离子弧电流。当后期电流稳定在 45 A 时,用非接触式红外测温设备测试靠近熔池成形层的温度,发现温度会稳定在 1 000 ℃ 左右,趋于稳定,直至整个零件的堆积完成。

从成形的圆柱件可以看出,圆柱体的外表比较光滑,几乎没有烧结粉末黏附在表层,成形件底部的堆积效果最好。内部也和表层一样,没有多少粉末黏附。这说明金属粉末得到了充分的利用,加工过程不需要特别的防护。等离子弧粉末熔覆增材再制造工作过程如图 3.5 所示,图 3.6 所示为等离子弧粉末熔覆再制造的筒状零件。

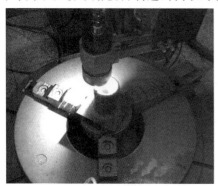

图3.5　等离子弧粉末熔覆增材再制造　　　图3.6　等离子弧粉末熔覆再制造的
　　　　工作过程　　　　　　　　　　　　　　　　筒状零件

3.3　铁基合金等离子弧熔覆再制造件的组织及力学性能

等离子弧粉末熔覆增材再制造方法的本质是采用等离子弧焊技术,用逐层粉末熔覆的方法制造零件,该技术成形制造过程的热循环比一般焊接过程的热循环复杂得多,组织转变过程也更复杂,只有准确把握等离子弧熔覆增材再制造材料的性能特点,才能更好地界定这种成形方法制造零件的应用范围及应用领域。

合金粉末的化学性质、物理性质及工艺性能对等离子弧熔覆成形过程具有重要的影响,本章首先对气雾化法制备的合金粉末的性能进行了研究,在此基础上对该合金粉末成形件的组织及性能进行了具体的研究。通过对成形件进行组织分析及性能评价,研究了多层熔覆热循环条件下熔覆层的组织特点及性能变化规律,并将该铁基合金成形件的力学性能与 45 钢材料的力学性能进行了对比,研究表明该铁基合金成形件能够满足装备零件再制造成形的要求。

3.3.1　等离子弧熔覆再制造件显微组织结构

为评价熔覆层性能,采用等离子弧熔覆再制造系统制备直壁墙零件,直壁墙长度为 80 mm;熔覆参数:熔覆速度为 50 mm/min,熔覆电流为 70 A,离子气流量为 5 L/min,送粉器流量为 2.5 L/min,送粉量为 3 g/min,熔覆距离为 6 mm;其他参数有:熔覆层数为 20 层,层与层间隔时间为 4 min,直壁墙零件成形高度约为 20 mm。

1. 成形件 X 射线衍射分析及奥氏体质量分数的测定

图 3.7 所示为等离子弧熔覆再制造件的 X 射线衍射分析结果。由图 3.7 可知,等离子弧熔覆再制造件的相构成比较简单,其中主要存在 γ(FeNi) 相及 FeCrNi 相,并且 γ(FeNi) 相的衍射峰较宽,这是由铁基合金在等离子弧快速凝固过程中产生的内应力(快速加热与冷却产生的热应力和组织转变产生的组织应力)及成形件内部晶粒细化效果共同引起的。

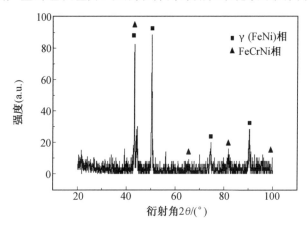

图3.7　等离子弧熔覆再制造件的 X 射线衍射分析结果

对成形件奥氏体质量分数的测定表明,本铁基合金成形件中奥氏体的质量分数为 86.2%,为成形件成分构成的主体。根据 X 射线衍射分析结果,成形件剩余成分主要为 FeCrNi 相,其质量分数 ≤ 13.8%,成形件中还有少量的碳化物相、硅化物相等,下面将通过透射电子显微镜分析来进行进一步的表征。

2. 单层熔覆层金相组织分析

图 3.8 所示为粉末单层熔覆层金相组织照片。由图 3.8 可以看出,在结合区范围内,熔覆层组织逆着热流方向形成胞状凸出向上生长,随着距界面距离的增加,部分胞状晶停止生长,而与之邻接的胞状晶得到壮大,随后凝固组织发生胞枝转变,成为树枝晶,使各相以枝状和胞枝状凝固,构成典型的熔覆层组织特征。

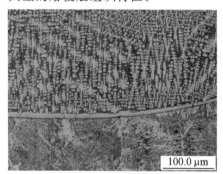

(a) 熔覆层底部   (b) 熔覆层中部

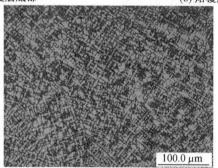

(c) 熔覆层顶部

图3.8 粉末单层熔覆层金相组织照片

图 3.8(a) 所示是试样靠近界面的金相照片,由图可知,等离子弧熔覆层组织呈现定向快速凝固的特征,在熔覆层 / 基体的结合界面处存在约 6 μm 宽的白亮带,这是一条非常窄的亮带,它比采用热喷涂、大电流等离子弧熔覆等方法所获得的冶金结合区更窄,熔覆层的稀释率极低。该白亮带为沿基体表面垂直生长的平面结晶带,与基体呈冶金结合状态。在平面结晶带的下侧为沿散热方向形成的典型柱状树枝晶区域;再往下延伸,为

熔覆层中部组织,其金相组织照片如图 3.8(b) 所示,其结晶形态已由柱状树枝晶向交叉树枝晶转变,该区域的组织均匀致密,晶粒更细小。等离子弧熔覆铁基合金时,粉末吸收能量快速熔化,同时冷的基体也吸收了一部分热量,因此基体表面熔融,由于基体快速传热的急冷作用,当等离子束离开熔池后,底层融化合金即发生快速凝固而生成枝晶。枝晶的尺寸主要取决于等离子弧熔覆的工艺参数,熔覆速度越快,枝晶组织越细。熔覆层的上部,固液界面前沿温度梯度减小,但由于流动的保护气体引起的对流散热作用显著,这样熔覆层在对流散热及熔覆层已凝固合金和基材热传导的双重作用下,结晶多为细小枝晶和等轴晶,如图 3.8(c) 所示。

3. 多层熔覆层金相组织分析

根据优化的熔覆参数,进行了金属零件的熔覆再制造试验,对空心筒形零件沿垂直熔覆方向进行线切割,然后经打磨、抛光进行了金相试样的制作,分别对其底部、中部和顶部进行微观组织观察,通过对比研究,找出其枝晶生长的规律,从而进一步揭示了显微组织的结构与温度变化有密切关系这一结论,可从图像中清晰地看到其显微组织状态。图 3.9 所示为粉末多层熔覆层的金相显微组织,这是从结合界面一直到熔覆层表面的一组金相组织照片。

由图 3.9(a)～(d) 可知,等离子弧熔覆层可分为四部分:底部是平面晶向胞状晶/枝晶/等轴晶的过渡转变区;中部是交叉的树枝晶;中上部是等轴晶;顶部是细小的树枝晶和等轴晶。这是因为在等离子束熔覆过程中,熔池内存在很大的温度梯度和显微成分的不均匀性,同时存在表面张力、气体动力、等离子束流吹力,熔池内不同部位对应着不同冷却速率和显微组织成分,所以最终凝固组织存在一定的组织梯度。下面对等离子弧熔覆层各部分逐一进行论述。

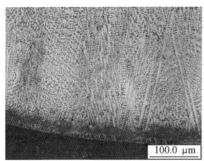

100.0 μm　　50.0 μm

(a) 熔覆层底部

图3.9　粉末多层熔覆层的金相显微组织

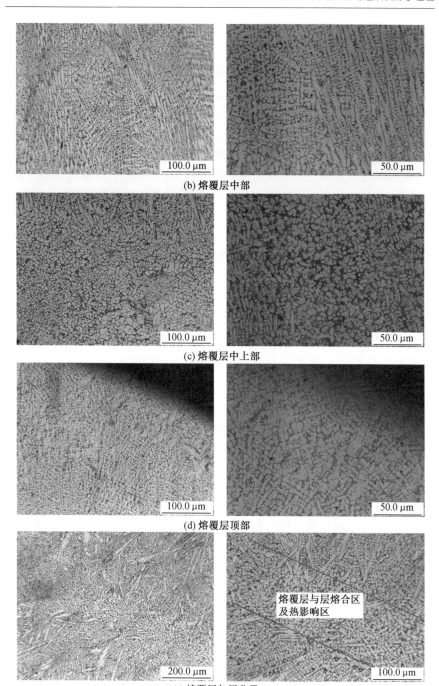

(b) 熔覆层中部

(c) 熔覆层中上部

(d) 熔覆层顶部

(e) 熔覆层与层分界

续图 3.9

图 3.9(a) 所示为平面晶向胞状晶／枝晶／等轴晶的过渡转变区。熔覆层与基材界面处是宽度约为 3 μm 的白亮区,它是基材表面微熔区以平面晶的形态生长形成的,它的形成表明熔覆层与基体实现了冶金结合。它之所以呈现白亮色,是因为其固溶了大量的 Cr,耐蚀性提高。

根据结晶成分过冷理论,凝固金属的结晶形态主要取决于结晶前沿的液相成分、结晶方向上的温度梯度 G_L 和凝固速率 R。在基材表面微熔区,一方面由于受熔体尺寸的限制和动态凝固特征的影响,对流难以充分展开,凝固前沿多余的溶质原子不能及时排走,从而有利于界面的稳定性;另一方面,该微熔区是 G_L 最大和 $v_冷$ 最小的区域,其结晶参数 G_L/R 近似为无穷大,故这些因素的综合作用有利于基材表面微熔区以平面晶的形态生长。同时基材成分微区的不均匀性以及等离子束流能量分布的不均匀性导了基材表面熔化程度的不同,因而白亮带并非直线。

随着凝固过程的进行,生长着的固液界面前沿由于受到熔池非平衡动态凝固特征的影响,$v_冷$ 逐渐增大,G_L 逐渐降低,加之合金熔液对流扰动和稀释率降低,使平面晶遭到破坏,出现了生长扰动凸起,与熔池最大散热方向相平行的扰动凸起就得到了发展,而取向不利的凸起则被吞没。凝固结晶形态也随之变化,出现了胞状晶／枝晶／等轴晶的混合晶。

胞状晶／枝晶／等轴晶的混合晶的出现主要受到强制对流的影响。由成分过冷理论可知,紧接着平面晶后应是发达的胞状晶和枝晶。由图 3.9(a) 可看到,胞状晶和枝晶并不发达,而且出现了等轴晶。原因在于等离子束熔覆时,熔池在表面张力、气体动力、等离子束流吹力等的作用下呈"凹"状,合金粉末熔体能直接加入到底部,在合金成分中 Mo、Nb 元素异质形核的作用下形成等轴晶。此外在各种力的作用下产生的强制对流导致了枝晶的断裂,也能造成等轴晶的形成。

图 3.9(b) 所示为典型的树枝晶和交叉树枝晶。随结晶过程向熔覆层内部推进,成分过冷起了主要作用。固液界面前沿温度梯度减小,冷却速率降低,且随着凝固速率 R 的增大,G/R 值逐渐减小,其晶体生长方向受传热条件的控制明显,从而结晶为逆热流传导方向生长的发达枝状晶。

图 3.9(c) 所示为等轴晶。这里结晶热力学和成分过冷起了主要作用。由于液体结晶潜热的释放,基体传热和结晶潜热保持局部平衡,使液相中的温度梯度和凝固速率进一步减小,成分过冷加大,在液相中形成了很宽的成分过冷区,自发结晶占据了主导地位,晶体生长杂乱而形成了大量的等轴晶。

图 3.9(d) 所示为细小枝晶和等轴晶。在熔覆层的中上部,固液界面

前沿温度梯度更小,由固体热传导引起的冷却速率更小,但是由流动的保护气体引起的对流散热作用显著,这样,熔覆层在保护气体对流散热及熔覆层已凝固合金和基材热传导的双重作用下,结晶为无明显方向性的细小枝晶和等轴晶。

图 3.9(e) 所示为多层熔覆层与层的熔合区及热影响区组织,可以看到,在层与层之间并没有形成平面晶组织,这是由于在第二层熔覆时,第一层熔覆层尚未完全冷却,第一层和第二层熔覆层交界处的 $G_L/v_冷$ 虽然较大,但不足以完全形成平面晶,仍以柱状晶外延的方式生长。在熔覆层与层分界处,可以看到明显的沉积层分界,表现为一条明显的等轴晶带,宽度为 $80 \sim 100~\mu m$。通过进一步观察其分界处,可以发现两者的分界均是由晶粒形态发生急剧变化造成的。出现等轴晶带的原因在于第二层熔覆层对第一层熔覆层从上至下的不同区域施加了不同的热影响。其中,第一层顶部未熔部分最高温度可达到 1 100 ℃ 以上,此时这部分的组织将发生重结晶,在快速冷却过程中形成细小的等轴晶带。

由于金属零件熔覆再制造时没有进行预热,所以开始堆积时的温度比较高,其冷却速率快,没有温度效应的积累,所以熔覆出来的晶粒较为细小,晶枝的生长和单道熔覆比较类似。而到了零件堆积的中层部分,由于底部的热效应积累,热量不能如同底部一样很快散去,故而冷却度小,所形成的晶粒比底部晶粒较为粗大些。从图 3.9(b) 和图 3.9(c) 可以明显看出,在熔覆再制造的后期,等离子弧熔覆电流可以下降很多,主要是由于顶部的温度积累,已经不需要那么多的能量,而此时的熔池冷却速率明显降低,除了一部分热量以辐射形式传入大气层,多数的热量通过零件的高温部分传入底部,最终以传导的方式从基体上散去。因冷却度更小,故而形成的晶粒更为粗大。但是在最后一层熔覆中,层的上部直接与空气接触,因此散热比较快,相当于在空气中淬火,故而最后一层的晶粒也会非常的细小,从图中的对比可以看出明显的规律。

综上所述,等离子弧多层熔覆层组织基本上表现为:底部是平面晶向胞状晶/枝晶/等轴晶的过渡转变区;中部是交叉的树枝晶;中上部是等轴晶;上部是细小的树枝晶和等轴晶。成形件上部组织要比下部组织粗大一些,在层与层的分界处出现一条明显的细小等轴晶带。

4. 粉末多层熔覆层扫描电子显微镜及能谱分析

为了更加精细地分析多层熔覆层的组织形态,对多层熔覆层进行了扫描电子显微镜分析及 EDS 能谱分析。多层熔覆层的扫描电子显微镜测试结果如图 3.10 所示。由图 3.10 可以看出,熔覆层组织主要由两相组成,分别为大块的枝晶及枝晶间的共晶组织。

(a) 低倍组织

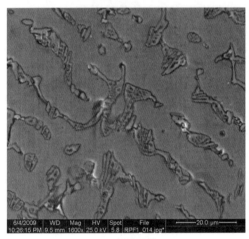

(b) 高倍组织

图3.10　多层熔覆层的扫描电子显微镜测试结果

图 3.11 所示为多层熔覆层各区域的能谱分析结果。各区域元素的质量分数见表 3.4,由于能谱分析对 C、B 元素不敏感,因此表中未列出这两种元素的质量分数。由整体(图 3.11(b))能谱分析结果可知,熔覆层各元素的质量分数与粉末成分设计值均相差不大。由 a 区(图 3.11(c))与 b 区(图 3.11(d))元素的质量分数对比可以看出,a 区 Ni 元素的质量分数较高,而 Cr 元素的质量分数相对较低;b 区 Cr、Mo、Nb 元素的质量分数均较高,Si 元素的质量分数则变化不大。经分析认为,a 区应主要由 Fe、Ni 组成

的 FeNi 固溶体及少量 FeNiCr 固溶体组成,b 区则主要是由 FeNiCr 固溶体及其少量 Mo、Nb 的碳化物组成的共晶。Mo、Nb 作为微量元素,均富集于晶界位置。

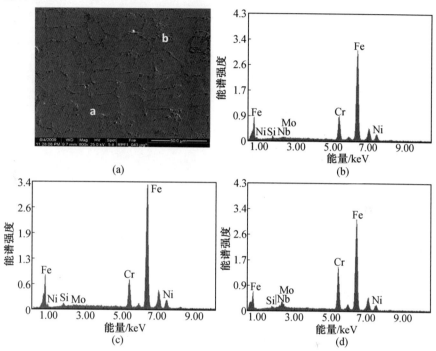

图3.11 多层熔覆层各区域的能谱分析结果

表 3.4 能谱分析结果 ％(质量分数)

元素	Fe	Ni	Cr	Si	Mo	Nb
整体	79.89	6.22	12.87	0.87	0.84	0.32
a 区	79.48	9.70	9.47	0.84	0.52	—
b 区	72.22	4.83	19.86	0.76	2.52	0.79

图 3.12 所示为熔覆层元素面扫描分析结果。由图 3.12 可以看出,在作为熔覆层主体的晶粒中 Ni 元素的质量分数较高,而晶界处 Ni 元素的质量分数则较低,Cr、Mo、Nb 及 Ce 元素则与 Ni 元素的分布刚好相反,在晶界处有更多的 Cr、Mo、Nb、Ce 元素析出。Nb 元素析集于晶界,有利于阻碍奥氏体晶粒的长大和细化晶粒。晶界处 Cr 元素的质量分数较高,表明 FeCrNi 相主要分布于晶界位置。

综合以上分析,可推测等离子弧熔覆再制造熔覆层组织主要由树枝晶

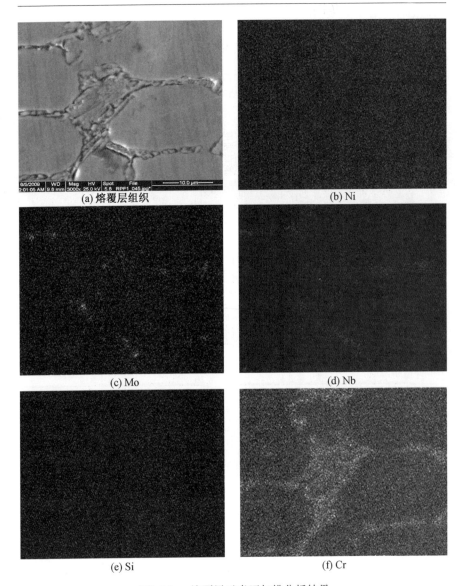

图3.12　　熔覆层元素面扫描分析结果

和枝间共晶构成，Fe、Ni 可以无限固溶，构成稳定的 γ(FeNi) 相枝晶固溶
体，少量的 Cr、Si 固溶其中。Ni 分布在等离子弧熔覆再制造熔覆层的基体
中，可改善等离子弧熔覆再制造熔覆层的开裂敏感性。Cr 元素主要分布
在枝晶间共晶组织中，形成 FeCrNi 固溶体及 FeCrC 化合物，Mo、Nb 分布
在 FeCrC 化合物中使得铁铬碳化合物韧化，降低等离子弧熔覆再制造熔覆

层的开裂敏感性。Si 分布在熔覆层基体中时,Si 的原子尺寸与基体相中 Ni、Fe、C 等元素的原子尺寸相差较大,其引起的畸变量也较大,使得奥氏体晶粒变形困难。

5. 多层熔覆层的透射电子显微镜(TEM) 分析

铁基合金成形件的 X 射线衍射分析表明了该合金熔覆层主要由 γ(FeNi) 相与 α(FeCrNi) 相组成。为更准确地把握铁基合金等离子弧熔覆成形件的相结构,对舍夫勒图进行的组织预测以及 X 射线衍射分析结果进行验证,对铁基合金多层熔覆层进行了透射电子显微镜分析。透射电子显微镜的分析表明,熔覆层的基体组织主要由 γ(FeNi) 相组成,其在透射电子显微镜下的形貌及电子衍射花样如图 3.13 和图 3.14 所示。基体组织的组成其次为 α(FeCrNi) 相,其在透射电子显微镜下的形貌及电子衍射花样如图 3.15 和图 3.16 所示。另外,基体组织中还有少量的 $Cr_{23}C_6$ 相(图 3.17 和图 3.18)、Fe_3Si 相(图 3.19)及 MoO_2 与 α(FeCrNi) 的多晶复合(图 3.20)。如图 3.21 所示,$Cr_{23}C_6$ 相与 α(FeCrNi) 相之间存在一定的位向关系,即 $Cr_{23}C_6$[111] 晶带轴与 α(FeCrNi)[111] 晶带轴平行。

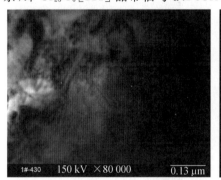

图3.13　γ(FeNi)[111] 晶带轴在透射电子显微镜下的形貌及电子衍射花样

对铁基合金熔覆层的透射电子显微镜分析表明,成形件组织主要由 γ(FeNi) 与 α(FeCrNi) 两相组成,还有少量的 $Cr_{23}C_6$、Fe_3Si 及 MoO_2 等相,与本合金组织预测及 X 射线衍射分析结果相吻合。结合图 3.9 和图 3.10 对熔覆层金相组织形貌的观察,以及图 3.11 和表 3.4 所示的能谱分析结果,可得出熔覆层中出现的大块的枝晶及等轴晶粒应为 γ(FeNi) 相,是熔覆层的主体,α(FeCrNi) 相与 $Cr_{23}C_6$、Fe_3Si、MoO_2 等相分布在晶界处,形成共晶组织。

图3.14　γ(FeNi)[110]晶带轴在透射电子显微镜下的形貌及电子衍射花样

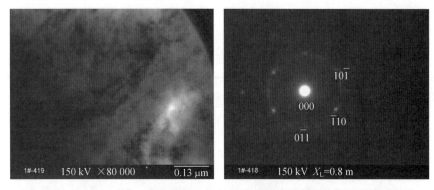

图3.15　α(FeCrNi)[111]晶带轴在透射电子显微镜下的形貌及电子衍射花样

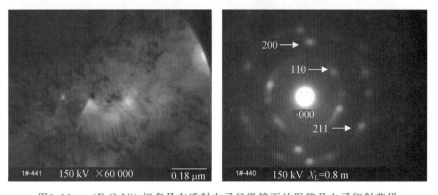

图3.16　α(FeCrNi)相多晶在透射电子显微镜下的形貌及电子衍射花样

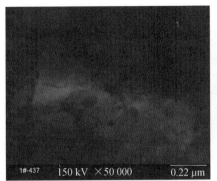

图3.17 Cr₂₃C₆［221］晶带轴在透射电子显微镜下的形貌及电子衍射花样

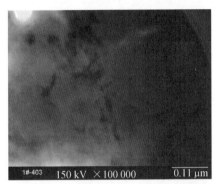

图3.18 Cr₂₃C₆［721］晶带轴在透射电子显微镜下的形貌及电子衍射花样

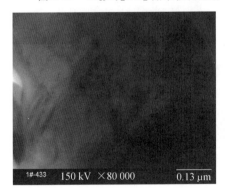

图3.19 Fe₃Si［110］晶带轴在透射电子显微镜下的形貌及电子衍射花样

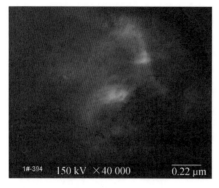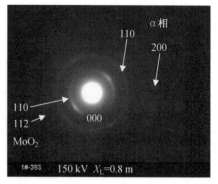

图3.20 MoO₂ 与 α(FeCrNi) 的多晶复合在透射电子显微镜下的形貌及电子
衍射花样

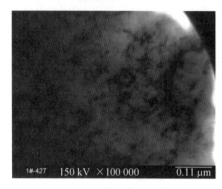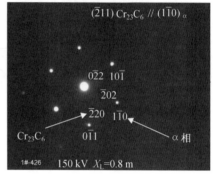

图3.21 Cr₂₃C₆[111] 晶带轴与 α(FeCrNi) 相[111] 晶带轴复合在透射电子显微
镜下的形貌及电子衍射花样

3.3.2 多层熔覆对等离子弧熔覆再制造成形层硬度的影响

等离子弧熔覆是一个极其复杂的高温化学冶金和小熔池冶金过程,工艺条件对等离子弧熔覆层的质量有重要的影响。以往等离子弧熔覆研究多注重单道熔覆层的性能,很少有多层等离子弧熔覆的研究,事实上,熔覆层数可能会对熔覆层的质量有决定性的影响。接下来介绍熔覆层数和层间间隔时间对熔覆层硬度的影响。采用单道多层堆积的方法,使用自制铁基合金粉末,基材选用Q235钢,分别制备两组试样,每组试样各五个,分别为具有1～5层的熔覆层试样,采用Vickers－1000型数字显微硬度计测量试样各熔覆层沿层厚方向的硬度(各相邻硬度测量点间隔0.2 mm),载荷为100 g,保压时间为15 s。将同一熔覆层内各硬度测量点的显微硬度值相加后除以该层测量点数作为该层的平均硬度,再将各层平均硬度相加后

除以各试样的熔覆层数,得到整个试样的平均硬度。层间间隔时间分别为
5 min 和 10 s。

1. 多层等离子弧熔覆时各层及总体平均硬度的变化

试验发现在多层等离子弧熔覆时,各熔覆层之间的间隔时间对整个试
样平均硬度有影响。在不同层间间隔时间条件下,试样各层的平均硬度及
整个试样的平均硬度见表 3.5。

表 3.5　试样各层的平均硬度及整个试样的平均硬度($HV_{0.1}$)

层间间隔时间	试样编号	第一层	第二层	第三层	第四层	第五层	试样平均硬度
5 min	1－1(共一层)	361.6					361.6
	1－2(共两层)	351.6	365.4				358.5
	1－3(共三层)	342.6	354.6	367.4			354.9
	1－4(共四层)	332.4	348.7	355.3	364.7		350.3
	1－5(共五层)	330.9	334.6	346.7	352.7	369.4	346.9
10 s	2－1(共一层)	361.6					361.6
	2－2(共两层)	353.6	335.4				344.5
	2－3(共三层)	332.6	324.6	317.4			324.9
	2－4(共四层)	312.4	308.4	289.3	287.7		299.5
	2－5(共五层)	309.9	290.3	286.4	284.7	283.4	290.9

由表 3.5 可知,当层间间隔为 5 min 时,已制备好的熔覆层基本上已
冷却,在制备下一道熔覆层时,实际上也是对已经成形的熔覆层进行回火
处理(紧邻下一道熔覆层发生重熔和淬火的区域除外)。因此,多层等离子
弧熔覆时,紧邻下一道熔覆层的前道熔覆层所经历的回火温度高,其硬度
下降也快。等离子弧熔覆的总层数越多,越靠近基材的底层熔覆层经历的
回火次数越多,硬度下降得越多,只是下降的速度不同。熔覆层数越多,整
个试样的平均硬度下降得越多。当熔覆层数为五层时,发现此时第一、二
层的硬度值变化已很小,趋于一个稳定值,分析认为,当熔覆再制造沉积到
四层及以上时,此时对四层以下的成形层的热影响已经比较小,其回火作
用已经很弱甚至消失,因此继续成形时,距离当前成形层前四层的熔覆层,
其硬度值趋于稳定,这一变化趋势对保持成形件性能的均一性是有帮
助的。

当层间间隔为 10 s 时,熔覆层数多,则试样平均硬度下降得很快,这是

由于已经完成的等离子弧熔覆层作为高温基体,使得后一道熔覆层的冷却速率和凝固速率大幅度降低。

另外,在层间间隔较长时间的情况下,试样靠近基材的熔覆层硬度低于远离基材的熔覆层硬度,而在层间间隔极短时间的情况下,情况则完全相反。这是由于在层间间隔极短时间的情况下,残留于熔覆层中的热量来不及扩散出去,前一道熔覆层由于尚保持较高的温度,实际上对后一道熔覆层起高温回火作用。先前完成的熔覆层数越多,热量积累越多,试样的整体温度也越高,后一道熔覆层的回火温度越高,后一道熔覆层的组织越接近平衡凝固组织,因此硬度也就越低,导致试样靠近基材的熔覆层硬度高于远离基材的熔覆层硬度。研究发现,当成形层达到四层及以上时,顶层熔覆层的硬度变化幅度减小,顶层熔覆层硬度也有趋于稳定的趋势。分析认为,当间隔时间为 10 s 时,虽然随着层数的增多,热量累积也越多,但当达到一定的层数后,整个熔覆区域的热状况会趋于一种稳定的状态,此时顶层熔覆层受到上层的热作用变化会相应变小,因此硬度值也会趋于稳定。

通过层与层不同间隔时间对熔覆层硬度的影响可看出,为保证成形层具有良好的力学性能,应尽量避免连续堆积,因为此时成形层受到较强烈的热影响,会使成形层硬度下降明显。如果通过延长层与层堆积的间隔时间来减小成形层的热累积,会造成成形效率的降低,达不到熔覆再制造的"快速"这一要求,因此为解决这一矛盾,应通过有效的工艺措施来加强成形过程中基体的散热,或通过合理的路径规划使等离子弧焰流通过同一区域的间隔时间尽可能地长,以减小成形层因热积累产生的热应力累积,使成形件获得更加优异的力学性能。

2. 熔覆层交界处的硬度变化

在多层熔覆过程中,在层与层的交界处,相当于单层熔覆时的熔合区及热影响区是最容易产生冶金缺陷且因为受到后续熔覆层的热影响而生产性能弱化的区域,因此有必要对熔覆再制造过程层与层交界处的硬度和区域的变化进行研究,如图 3.22 所示,通过测试得到了第一层熔覆层和第二层熔覆层交界处的显微硬度分布曲线和区域变化情况,此时层与层熔覆间隔时间为 5 min。

由图 3.22(a)可知,以界面为基准线,向着第二层熔覆层方向,显微硬度随熔覆距离的增加而有所增加;向着第一层熔覆层方向,随着熔覆距离的增加,显微硬度经历降低 → 增加 → 降低的变化。由图 3.22(b)可见,由于进行第二层等离子弧熔覆,第一层的等离子弧熔覆层形成了两个

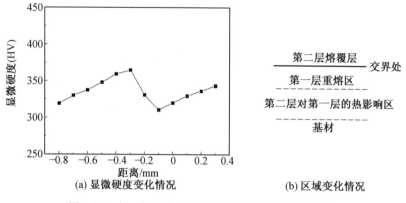

图3.22　熔覆层交界处的显微硬度和区域变化情况

区域——重熔区和第二层对第一层的热影响区。在进行第二层等离子弧熔覆时,第一层熔覆层中的重熔区和第二层熔覆层合为一体,同时完成快速熔化和凝固,除了基材成分稀释因素外,与单层等离子弧熔覆层相当,因此从第一层熔覆层中的重熔区底部沿着第二层熔覆层方向,熔覆层的显微硬度逐渐增加。第一层熔覆层受第二层的热影响,会产生不同的热处理效应,随着交界处向下,第一层会依次产生淬火效应,以及正火或回火效应。受到淬火处理的区域,其显微硬度值会略有提高,而受到回火及正火热处理的区域,其硬度将有所下降,因此多层熔覆层的显微硬度值呈现图3.22(a)所示的起伏变化。第二层与第三层熔覆层、第三层与第四层熔覆层以及第四层与第五层熔覆层交界处的显微硬度变化与上述规律类似。

3. 熔覆再制造件的硬度测试

在工艺试验过程中,进行了直壁墙的熔覆再制造,成形高度为14 mm,层与层间隔 3 min,对成形件沿横截面进行了试样切割,且对试样进行了显微硬度测试。硬度测试方案如图3.23所示,采用两种测试方法:

①纵向测量。对零件直壁从基体开始向上每隔0.5 mm测试一次,直到顶部,主要是研究其硬度整体分布与等离子弧熔覆功率之间的关系。

②横向测量。对距离基体2 mm处的水平一层进行多次测量,观测其显微硬度的变化。

从图3.24可以看出,零件硬度值的变化为:在熔覆层底部,有一个显微硬度较高的区域,随后从底部到顶部沿 Z 轴方向逐渐趋于稳定,变化量相对比较小,到了顶部几层,熔覆层逐渐升高。底部显微硬度有较高的区域,主要是基体材料的稀释作用,熔合区 Cr、Ni 元素的质量分数减小,从而导致马氏体组织的生成,使显微硬度值有所增加。中间显微硬度有相对较

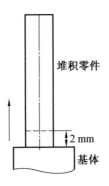

图3.23 硬度测试方案示意图

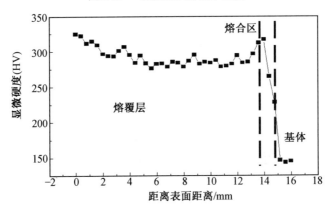

图3.24 多层熔覆层沿纵向整体硬度的分布曲线

低的区域,是因为在多层熔覆过程中,反复热循环产生了多次回火,从而降低了其显微硬度值。虽然中间层的显微硬度值较小,但是其韧性和塑性相对较好,也符合一般零件的使用要求。由表 3.5 的研究结果可知,当成形层数较多时,中间部位的显微硬度值会趋于一个稳定值,只有最表层的 4 ~ 5 层,其显微硬度值会出现梯度变化,顶部的显微硬度值比较大,这是由于上部散热比较好,可以在空气中形成淬火环境。显微硬度呈现 U 形分布是多层熔覆层显微硬度分布的显著特点。

图3.25反映了距离基体2 mm处同一熔覆层显微硬度值的变化,其相对变化率为$\frac{296.8-272.7}{296.8}\times100\%=8.12\%$,说明同一熔覆层的显微硬度值变化较小,这也说明了等离子弧熔覆再制造的稳定性比较好,可以获得较均一的性能。

显微硬度测试表明,该铁基合金成形件的硬度值范围为 HV270 ~ 360,略高于装备用 45 钢的显微硬度值(HV240 ~ 300),达到了预期的设计要求。

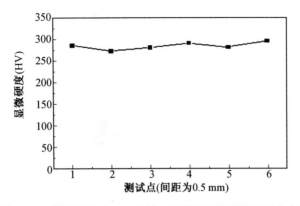

图3.25　距离基体 2 mm 处同一熔覆层显微硬度的变化曲线

3.3.3　等离子弧熔覆再制造熔覆层的耐磨性能

图 3.26 所示为铁基合金熔覆层与淬火 45 钢的磨损失重对比,可以看出,与淬火 45 钢相比,铁基合金熔覆层的相对耐磨性为 31/36＝0.86,说明该熔覆层的耐磨性能与淬火 45 钢的耐磨性能相当。研究表明该铁基合金熔覆层的耐磨性能不是太好,由于本铁基合金的设计主要是为了解决在多层熔覆情况下的开裂问题,因此对合金的塑韧性要求较高,熔覆层中的碳化物及硼化物等脆性相生成较少,因而牺牲了一定的强度及耐磨性,这也反映了用于熔覆再制造的多层熔覆材料设计的侧重点与用于表面改性及表面强化等熔覆材料设计的不同。

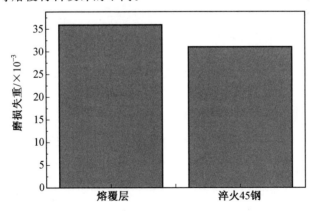

图3.26　铁基合金熔覆层与淬火 45 钢的磨损失重对比

图 3.27 所示为铁基合金熔覆层与淬火 45 钢的磨痕形貌对比,可以看出,两种材料的磨痕形貌均表现出平行分布的犁沟,而熔覆层表面磨痕犁

沟分布得较均匀,没有出现大面积的剥落现象,说明熔覆层内部组织结合紧密,其组织及性能较均一。

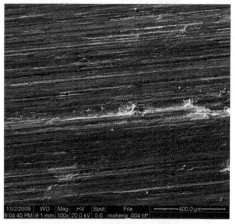

(a) 熔覆层

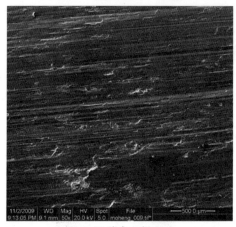

(b) 淬火 45 钢

图3.27　铁基合金熔覆层与淬火 45 钢的磨痕形貌对比

3.3.4　等离子弧熔覆再制造成形件力学性能的研究

1. 拉伸性能

为了研究不同成形方向对成形件抗拉强度的影响,先用两种熔覆方式堆积了两个长方体实体零件,如图 3.28 所示。图 3.28(a) 和图 3.28(b) 中的箭头方向表示成形熔覆方向,成形件每个分层的熔覆方向均相同。两个零件所采用的工艺参数均相同,分别用线切割切取试样。图 3.28(a) 所示为平行于熔覆方向切取的拉伸试样(纵向试样)示意图,图 3.28(b) 所示为垂直于熔覆方向切取的拉伸试样（横向试样）示意图，拉伸试样尺寸如图3.28(c)所示。拉伸试验在SANS拉伸试验机上进行，在室温条件下，加载速率为1 mm/s。图3.28(d)所示为加工完成的试样，试验数据见表3.6。

从拉伸试验的结果对比可以看出，纵向试样的抗拉强度、延伸率均高于横向试样的相关数据，显示出成形件的拉伸性能具有方向性。上述试验结果表明单向熔覆方式会造成零件性能的各向异性。采用横、纵向交替熔覆成形件的力学性能高于横向试样的力学性能，但略低于纵向试样的力学性能，其使成形件力学性能的各向均匀性在整体上得到提高。

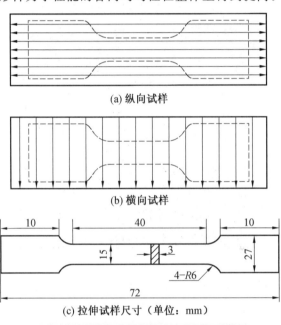

(a) 纵向试样

(b) 横向试样

(c) 拉伸试样尺寸（单位：mm）

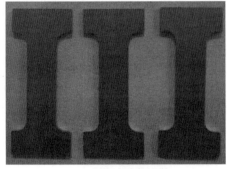

(d) 加工完成的试样

图3.28　长方体实体零件和拉伸试样

表 3.6　抗拉强度和延伸率的对比

熔覆方向	抗拉强度 σ_b/MPa	延伸率 δ/%
纵向	595	19.4
横向	505	15.9
横、纵向交替	578	17.5

使用扫描电子显微镜（SEM）对拉断试样的断口进行分析，试样断口的韧窝形貌如图 3.29 所示，其断裂机制为韧性断裂。

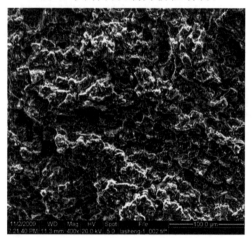

图 3.29　试样断口的韧窝形貌

从抗拉强度的测试结果来看，成形件横向方向的抗拉强度较低，但在实际成形工艺过程中，一般采用横、纵向交替的成形工艺，以提高成形件的性能均匀性，并提高其成形精度。本成形件在横纵向交替情况下的抗拉强度为 578 MPa，略低于 45 钢的抗拉强度（600 MPa），基本达到了预期的设计要求。

2. 冲击性能

图 3.30 所示为制备的成形件冲击试样，成形时按横、纵向交替沉积，尺寸为 55 mm×10 mm×10 mm，共制备五个试样，取五个试样冲击韧性的平均值，试验结果见表 3.7。可以看出，成形件具有较好的冲击韧性，其冲击韧性值略高于 45 钢的冲击韧性值（39 J/cm^2），达到了设计要求。

图3.30　制备的成形件冲击试样

表 3.7　成形件冲击试验结果

试样编号	$\alpha_k/(\mathrm{J \cdot cm^{-2}})$
1	50.5
2	47.0
3	41.5
4	46.0
5	46.5
平均值	46.3

3. 成形件密度和致密度测试

对于金属零件来说,高的空隙率将导致低的抗拉强度、延伸率、弹性模量和韧性,有时还会影响零件的表面质量,因此,致密度是衡量金属成形件质量的重要指标。本书采用流体静力称衡法来测量成形零件的密度。首先称出试样的质量 m_1,然后将试样浸入液体中称量,得到读数为 m_2,设所用液体的密度为 ρ_0,则试样的密度为

$$\rho = \frac{m_1}{m_1 - m_2}\rho_0 \tag{3.1}$$

试验中所采用的天平为 AG204 型电子天平,其最大量程为 210 g,测量精度为 0.1 mg。在三个拉伸试样的成形件上,各切取两个尺寸为 5 mm×5 mm×3 mm 的试样,经打磨和清洗后对其进行测试。将测得的密度值与熔覆粉末的真密度($7.72\ \mathrm{g/cm^3}$)相比,即可得到试样的致密度。测得的密度以及计算所得的试样致密度见表3.8。

从测试结果可以看出,成形件的致密程度非常高。等离子弧填充合金

粉末和已凝固层充分熔化,从而实现了材料间的冶金结合,确保成形件具有良好的力学性能。

表 3.8　密度及致密度测试结果

试样编号	$\rho/(g \cdot cm^{-3})$	致密度 /%
1	7.67	99.35
2	7.67	99.35
3	7.65	99.09
4	7.69	99.61
5	7.67	99.35
6	7.66	99.22
平均值	7.668	99.33

3.4　铁基合金成形层的抗热裂机理分析

热裂纹是等离子弧熔覆过程中一种比较常见的缺陷,热裂纹的产生将直接影响熔覆再制造件作为功能性零件的使用,其力学性能将急剧恶化,因此,在等离子弧熔覆再制造过程中,应当尽量避免热裂纹的产生。热裂纹的产生与熔覆过程的冶金因素和力学因素有关。本章结合熔覆层热裂纹的产生条件,从冶金因素的角度对铁基合金在等离子弧熔覆增材再制造中的抗热裂机理进行了探讨。

3.4.1　熔覆层热裂纹的产生机理及影响因素

1. 熔覆层热裂纹的产生机理

在等离子弧熔覆过程中,热裂纹是比较常见的一种缺陷,它主要是由晶界上的合金元素偏析或低熔点物质的存在而引起的,可分为结晶裂纹和液化裂纹。

(1) 结晶裂纹。

结晶裂纹是在液相与固相共存的温度下,由于冷却收缩的作用,沿一次结晶晶界开裂的裂纹。所以结晶裂纹的产生与焊缝金属结晶过程的化学不均匀性、组织不均匀性有密切关系。由于结晶偏析,在树枝晶或柱状晶间具有低熔点共晶并沿一次结晶晶界分布,结晶裂纹就产生在收缩结晶时的弱面上。结晶裂纹沿一次晶界分布,在柱状晶间扩展,而结晶偏析杂质元素 S、P、Si 等富集在柱状晶的晶界上。结晶裂纹经常分布在树枝晶间或柱状晶间。

（2）液化裂纹。

液化裂纹是焊接热循环作用使晶间金属局部熔化而造成的，经常在焊接过热区及熔合区出现，或者在多层焊层间出现，受后一道焊道的热影响，前一焊道晶间出现的熔化开裂。根据最大应力方向，液化裂纹平行于熔合区或垂直于熔合区。液化裂纹开裂部位经常是奥氏体晶界，一般为一次组织的树枝状结晶晶界或柱状晶界。由于高温快速冷却，按照不同断裂机理产生沿晶低塑性开裂或穿晶解理断裂[50]。在收缩应力的作用下，在柱状枝晶界处和焊缝中心两侧柱状枝晶汇合面上形成结晶裂纹，如图 3.31 所示[51]。

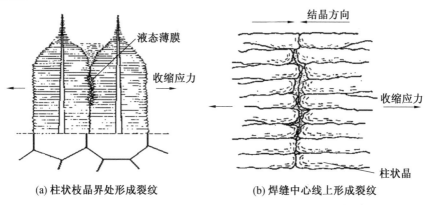

(a) 柱状枝晶界处形成裂纹　　(b) 焊缝中心线上形成裂纹

图3.31　在收缩应力作用下结晶裂纹形成图

2. 熔覆层热裂纹的影响因素

关于热裂纹的形成，影响因素很多，但从本质来说，影响因素可归纳为两方面，即冶金因素和力学因素。

（1）冶金因素。

① 脆性温度区间。液态薄膜和固体金属共存的温度范围就称为脆性温度区间（Brittle Temperature Range，BTR）。脆性温度区间的上限是枝晶开始交织长合的温度，下限是液膜完全消失的实际固相线（略低于固相线 T_s）。BTR 区间金属的延性很小，如果受到拉应力的作用，液态薄膜就容易被拉开而成为微裂纹，如果没有足够量的液态金属补充，当焊缝完全凝固以后，此裂纹就会保留下来，最终形成热裂纹。所以脆性温度区间的范围越大，焊接热裂纹的倾向也就越大。脆性温度区间一般随合金元素的质量分数而发生变化。试验与理论表明，焊缝金属产生结晶裂缝，与材料

所容许的最小形变量、温度变化的应变速率、脆性温度区的大小有关。上述因素对发生结晶裂缝所起的影响作用示于图3.32。由图3.32可见，当材料容许的形变量小、应变速率高，或者脆性温度区宽，出现裂缝的危险性就大；然而脆性温度区的大小却起主要作用，脆性温度区的下限温度越低，裂缝敏感性越大。脆性温度区的大小实际上取决于液相线与固相线温度所表征的结晶温度区的大小，由此可以得出：结晶温度区宽，脆性温度区也宽，结晶裂缝的倾向也就大[52]。

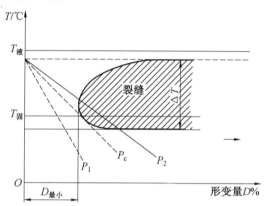

图3.32　脆性温度区范围内结晶裂缝倾向与应变
速率的关系（$P = \dfrac{\Delta D}{\Delta T}$，$P_c$为临界应变
速率，$P_1 < P_c < P_2$）

② 合金元素对热裂纹的影响。合金元素对结晶裂纹的影响是很重要的，C、S、P对结晶裂纹的影响最大，其次是Cu、Ni、Si、Cr等。S和P在各种类型的钢中几乎都会增加热裂纹出现的倾向，即使微量存在，也会使结晶温度区间大幅增大。S和P在钢的各种元素中偏析系数最大，极易引起结晶偏析，同时S和P在钢中还能形成许多低熔点化合物或低熔点共晶，导致热裂纹的产生。Mn具有脱硫作用，同时能改善硫化物的分布状态，因而能够降低结晶裂纹的倾向。C极易发生偏析，与钢中某些其他元素形成低熔点共晶；其次C会降低S在Fe中的溶解度，促使S与Fe生成FeS，进而促使在钢中形成热裂纹。

③ 一次结晶组织对热裂纹的影响。焊缝一次结晶组织的晶粒度越大，结晶的方向性越强，就越容易促使杂质偏析，在结晶后期就越容易形成连续的液态共晶薄膜，增加热裂纹的倾向。在焊缝或母材中加入一些细化晶粒的元素，如Mo、V、Ti、Nb、Zr、Re等，一方面使晶粒细化，增加了晶界面

积,减少了杂质的集中;另一方面又打乱了柱状晶的结晶方向,破坏了液态薄膜的方向性,从而提高了材料的抗裂性能[51]。

(2) 力学因素。

焊接裂纹具有高温沿晶断裂的性质。发生高温沿晶断裂的条件是金属在高温阶段晶间塑性变形能力 δ_{min} 不足以承受当时所发生的塑性应变量 ε,即

$$\varepsilon \geqslant \delta_{min} \tag{3.2}$$

式中,δ_{min} 为区间内最小的变形能力,反映了焊缝金属在高温时晶间的塑性变形能力;ε 为焊缝金属在高温时受各种力的综合作用所引起的应变,反映了焊缝当时的应力状态。

金属在结晶后期,即处在液相线与固相线温度附近的脆性温度区间,在该区域内其塑性变形能力最低,塑性温度区间的大小及区间内最小变形能力 δ_{min} 由前述的冶金因素所决定。这些应力主要是由焊接的不均匀加热和冷却过程引起的,如热应力、组织应力及拘束应力等。若焊接接头上温度分布很不均匀,即温度梯度很大,同时冷却速率很快,则引起的 ε 就很大,极易发生结晶裂纹;当金属的热膨胀系数越大时,引起的 ε 也越大,越易开裂;当焊件越厚或接头受到拘束越强时,引起的 ε 也越大,结晶裂纹也越容易发生[51]。

3.4.2　铁基合金成形件的抗热裂机理分析

1. 通过组织设计提高抗热裂性

通过正交试验设计,按照成形性及抗热裂性原则,优化了 Cr、Ni、Mo 元素的质量分数,对合金粉末的 X 射线衍射分析表明该合金组织主要是由 γ(FeNi) 和 α(FeCrNi) 组成的双相组织结构,这种双相组织结构在等离子弧熔覆再制造多层熔覆条件下,有利于提高成形层的抗热裂能力。

一般来说,在一次结晶中,当初析相是铁素体时,与初析相是奥氏体相比,前者具有较高的抗热裂性,这一点在镍铬奥氏体焊缝金属中表现得十分明显。初析相是先共析铁素体能提高焊缝金属抗结晶裂缝的能力,原因如下:

① 焊接熔池中,液态金属结晶凝固时,初析相铁素体先于奥氏体析出。在液相中自由生长的铁素体能增加奥氏体结晶时的晶核,干扰奥氏体成长的方向性,起到细化晶粒的作用,且减弱了一次结晶的方向性,这样也就减少了杂质沿晶界聚集的浓度。

② 许多组成低熔晶间相的元素,如 S、P、Si 及 O 等,在先共析铁素体的

体心立方点阵中,比其在奥氏体中有更高的溶解度。这一特性的有利作用在于它降低了结晶后期在柱状晶界最后凝固的那一部分液相中低熔杂质元素的浓度,这样就实际提高了固相线温度,减小了结晶温度区间。

③ 铁素体的膨胀性能比奥氏体的膨胀性能小得多,在相同温度下,前者约为后者的一半。所以冷却收缩时,铁素体组织的热应变量小,应力状态缓和。

奥氏体－铁素体的界面能低于同类型组织的奥氏体－奥氏体的界面能,因此前者的相间张力低,后者的相间张力高;后者容易被残存的晶间液膜所润湿,前者则比较困难,所以,前者能较容易地通过脆性温度区间,承受住冷却时产生的收缩应力。

由此可见,在液相结晶时,初析相是先共析铁素体的金属,由于上述因素的综合作用,比初析相是奥氏体的金属具有更好的抗结晶裂缝的能力。而初析相是铁素体能提高金属抗结晶裂缝的能力,与化学成分有关。因为凡是铁素体的形成元素,如 Cr、Mo、Ti、Si 等,都具有良好的脱氧脱硫能力,因而可提高最后结晶的那一部分晶间液相的结晶温度与流动性,从而缩小结晶的温度范围,改善高温下的应力－应变状态。

对于先共析铁素体阻止结晶裂缝产生的能力,在讨论与一次结晶有关的因素时,不应当把它看成是一个绝对因素,它的作用在很大程度上与它的分布形态有关。只有当铁素体数量足够多,而且能够均匀地分布于奥氏体晶内和晶间时,才能在结晶过程中支持住不断增长着的收缩应变,避免裂缝产生。如果分布不均匀,特别是当柱状晶界区铁素体相很少时,尽管铁素体总量很多,也难避免在一次结晶晶界上发生结晶裂缝[52]。

2. 通过改善熔覆层结晶形态提高抗热裂性

图 3.33 所示为加入 Mo、Nb 及稀土元素前后铁基合金熔覆层的组织对比。等离子弧熔覆时,结晶方向性非常明显,柱状晶粒从两侧熔合线向焊缝中心对向生长。先结晶的是纯度较高的金属,熔池中的杂质被逐渐推斥在结晶的前沿,这样最后结晶的就是熔覆层中上部位的低熔共晶组织,当熔覆层冷却时承受拉伸应变,形成热裂纹。在本铁基合金设计过程当中,通过优化试验,加入了适量的 Mo、Nb 与 Re 元素,这些元素均可起到细化晶粒的作用。可以发现,加入 Mo、Nb 与 Re 元素后,熔覆层组织的晶粒明显细化,晶粒大小更加均匀一致,取向性也不明显,减少了枝晶偏析、气孔、缩松等缺陷,从而大大提高了该合金的抗热裂能力。

在等离子弧熔覆过程中,由于 Nb 元素的加入,在熔池凝固初期,Nb 首先与 C 化合生成大量弥散均匀分布的 NbC 小质点,这些 NbC 小质点可以

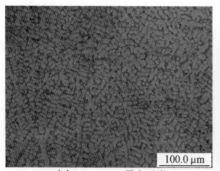

　　(a) 未加Mo、Nb、稀土元素　　　　　　(b) 加入Mo、Nb、稀土元素

图3.33　加入 Mo、Nb 及稀土元素前后铁基合金熔覆层的组织对比

作为异质结晶核心,提高凝固结晶过程中的形核率,细化组织。同时由于Nb 原子尺寸比 Fe 原子尺寸大,在 Fe 的 γ 相中,Nb 原子优先占据晶界位置,降低了 γ 晶界的界面能,使晶界更加稳定,降低了晶界的驱动力,使晶界不易移动,有效地阻碍了晶粒的长大。因此,Nb 的加入既增加了形核率,又有效阻碍了晶体的长大,使组织明显细化。

　　Re 元素因电子结构特殊,而表现出极强的化学特性。同时,Re 元素原子半径较大,且有较高的化合价,故仅以极少的数量,即可改变金属及合金的组织和性能。Re 元素对金属或合金的影响主要表现在以下几个方面:

　　(1) 变质作用。

　　合金中加入 Re 元素以后,其组织明显细化,多元合金二次枝晶间距 d_2 与元素物性间的关系式为

$$t_c = \varphi d_2^3 \sum_{i=1}^{N-1} \frac{c_i(1-K_i)}{D_i} P_i \tag{3.3}$$

式中,t_c 为局部凝固时间;φ 为常数;c_i、D_i、P_i、K_i 分别为元素浓度、自扩散系数、液相线斜率及溶质分配系数。

　　Re 元素的 K 和 D 值较小,即当其他条件一定时,加入 Re 必然减小 d_2 使合金细化[53]。根据 Hall－Petch 公式(霍耳－佩奇公式),金属材料屈服强度与晶粒尺寸之间存在如下关系:

$$\sigma_s = \sigma_0 + K_s d^{-1/2} \tag{3.4}$$

式中,σ_s 为材料的屈服点;σ_0 为单晶体中位错运动的摩擦阻力;K_s 为晶体结构常数;d 为晶粒直径。

　　该公式定量地描述了晶粒尺寸对屈服强度的影响。晶粒越细小,晶界越长,裂纹扩展所消耗的能量越多,屈服强度越大[54]。一般说来,强度提高有利于硬度的提高,所以 Re 的加入对熔覆层硬度的提高有间接的

影响。

（2）净化作用。

Re 元素十分活泼，且有界面吸附性。因此，常与金属中的杂质（如 P、S、O 等）相互作用，生成分布在界面上的稳定化合物，从而减少固溶态杂质的质量分数，提高金属的塑性和强度，并且使某些物理性能得到相应的改善。

（3）强化作用。

加入 Re 元素的金属或合金，因其组织得到细化，晶界面积增大，致使其变形阻力和断裂抗力增加。

（4）降低表面张力。

加入 Re 元素可以增加基体与熔体之间的润湿性，降低它们之间的接触角[55]。

在 Nb 与 Re 元素的共同作用下，熔覆层组织得到细化，方向性减弱，塑韧性及强度均得到提高，熔覆层的抗热裂能力必然也得到明显提高。

3. 通过改善熔覆层偏析提高抗热裂性

熔覆层的强化方式大体可分为固溶强化、冷作强化、沉淀强化和相变强化[56]。熔覆层金属化学成分对抗热裂性的影响比较复杂，熔覆层的化学成分包括合金元素和有害杂质，其存在状态可以是固溶于基体，也可以是形成析出相或者析集于晶界，不仅可以直接影响到熔覆层的强度和韧性，也可以通过改变相变过程及其产物形态而影响其强韧性。等离子弧熔覆时，由于熔池的快速凝固，熔覆金属内存在化学成分不均匀的偏析现象，在液固相及固固相间，溶质来不及扩散，加之各相的组元（如树枝晶的树干、树枝）、熔池各部位（如边缘部位、中心部位）结晶先后不同，溶质浓度有差异，且来不及均匀化，因此结晶时可能出现显微偏析、区域偏析、层状偏析，导致晶界的键合力被严重地削弱，往往在低于正常断裂应力的情况下，被弱化的晶界成为断裂扩展的优先通道而发生沿晶断裂，导致成形件的强度和韧性较低。微观偏析使晶粒内部各部分的物理和化学性能产生差异，影响成形件的综合力学性能；晶界偏析往往有更大的危害性，低熔点的共晶集中在晶界处，既增加了熔覆层的热裂倾向，又降低了成形件的塑性。

熔覆层金属偏析现象产生的主要原因是结晶过程中溶质分配。在晶体长大过程中，结晶速率大于溶质的扩散速度，使得初次析出的固相与液相的浓度不同，先析出的晶体与后析出的晶体化学成分也不同，甚至同一个晶粒内部先结晶出来的部分与后结晶出来的部分也有差异，这样导致焊缝组织化学成分的不均匀性。熔覆层金属偏析程度主要取决于熔池合金的冷却速率、偏析元素的扩散能力、凝固前沿富集溶质的液体流动和受液相及固相线间隔所支配的溶质的平衡分配系数。当其他条件相同时,冷却速率越大,偏析元素扩散系数越小,平衡分配系数越小,偏析越严重。偏析元素在固溶体内的扩散能力用扩散系数来表示。根据 S. Arrhenius 公式,在溶质原子扩散的过程中,溶质扩散系数 D 为

$$D = D_0 \exp(-Q/RT) \tag{3.5}$$

式中,D_0 为扩散系数;R 为气体常数;Q 为激活能;T 为绝对温度。

溶质扩散程度的估计参数 α 可以表示为

$$\alpha = D\frac{\tau}{l^2} \tag{3.6}$$

式中,τ 为扩散时间,即局部凝固时间;l 为扩散长度,可用半枝晶间距表示[56]。

该铁基合金在成分设计中减小合金偏析的主要原因为:熔覆层晶粒组织得到细化,扩散长度 l 值减小,在晶粒从初始形核到长大的过程中,晶粒越细,晶粒之间互相接触时的生长时间就越短,即在界面前沿的富集层累积时间就越短,有利于减弱晶内偏析。

4. 通过降低熔覆层中杂质元素的质量分数来提高其抗热裂性

在该铁基合金粉末中,加入稀土元素后,在熔覆层中可起到明显的脱硫效果,有利于减少熔覆层中硫化物低熔相的质量分数,减少硫化物在晶界聚集,进而减少因晶界弱化而产生的开裂。

第4章 镍基高温合金等离子弧熔覆再制造组织及性能研究

4.1 镍基高温合金的特点及应用

高温合金是以 Fe、Ni、Co 为基体,通过加入大量合金元素进行强化,从而使其在 650 ℃ 以上的高温和复杂应力作用下,仍能长期工作的一类合金。其具有良好的组织稳定性、高温强度、高温疲劳蠕变性能以及高温抗氧化能力等优异的机械性能,使其在航空航天、核工业、能源动力等众多领域应用广泛[57]。在这三大类高温合金中,镍基高温合金诞生于 20 世纪 40 年代,并逐渐成为应用范围最广、用量最大的高温合金,特别是在航空航天发动机的制造中往往成为关键热部件的必选材料,如涡轮叶片和涡轮盘。据统计,在航天飞机发动机中采用镍基高温合金制造的零件高达 1 500 多种,镍基高温合金的用量可达到发动机材料总使用量的 34% ~ 57%[58],因此对于镍基变形高温合金制造技术的研究一直是众多机构和学者的研究热点。

Inconel625 和 Inconel718 合金是镍基变形高温合金中应用最为广泛的两种固溶时效强化合金。Inconel625 合金和 Inconel718 合金都是以 Mo、Nb 元素为强化元素,依靠 γ'(Ni$_3$AlTi) 相和 γ''(Ni$_3$Nb) 相的时效析出强化作用[59-60],如图 4.1 所示,它们的强化效果体现在这两种相的析出量、大小及形态等方面[61-63]。在高温条件下,晶界是主要的薄弱区域,容易产生裂纹,因此析出的碳化物可以提高晶界强度[64]。由于 Inconel625 合金具有优异的机械性能和耐蚀性能,因此广泛地应用于各种工业耐蚀性气氛条件下。它的典型用途是作为隔热层,可用于化工厂金属构件和特殊的海洋装备防腐涂层[65-66]。在能源领域中,国内外高参数超临界锅炉过热器或者再热器管材均采用 Inconel625 合金。另外,目前蒸汽轮机主气阀的密封面由于处于高温腐蚀性气氛下,也采用 Inconel625 合金的堆焊层。Inconel718 合金是在 Inconel625 合金基础上衍生而来的,因此本书采用 Inconel625 合金作为研究对象,其研究成果对 Inconel718 合金具有同等重要的意义。

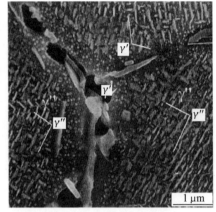

图4.1 γ′(Ni₃AlTi) 相和 γ″(Ni₃Nb) 相的透射电子显微镜明场照片[59]

γ′—γ′(Ni₃AlTi) 相;γ″—γ″(Ni₃Nb) 相

4.2 工艺参数对 Inconel625 合金等离子弧熔覆再制造组织及性能的影响

4.2.1 典型的沉积态组织特征

1. 枝晶组织特征

采用连续堆积的方式,选用的工艺参数为峰值电流 220 A,基值电流 140 A,焊接速度 0.2 m/min,送丝速度 2.0 m/min,频率 60 Hz 以及占空比 50%。利用脉冲等离子弧快速成形技术制备了 Inconel625 合金试样,图 4.2 所示为试样在垂直电弧扫描方向上的横截面显微组织及其典型的 X 射线衍射谱图。其中,图 4.2(a) 所示为横截面的宏观组织形貌,可以看出,沉积态组织宏观上呈现明显的层带状结构特征,即层与层之间具有明显的边界,并存在明显的过渡区,但未发现裂纹、气孔、夹杂等缺陷;图 4.2(b) 所示为沉积态的金相组织形貌,可以观察到沉积态的显微组织为柱状枝晶形态,并呈现沿着沉积高度方向定向生长的特征,在层内部组织以胞状枝晶为主,而在层与层的过渡区组织为细小的胞状晶。

除了组织的枝晶形貌以外,析出相的种类、形态及分布同样对等离子弧熔覆再制造 Inconel625 合金零件的性能有重要影响。图 4.2(c) 所示为试样横、纵截面的典型 XRD 谱图,结果表明,沉积试样的横、纵截面在 (200) 面的衍射强度高于其他面的衍射强度,证实了组织生长结晶呈现沿着〈001〉方向定向凝固的特征,另外发现组织中主要为 $\gamma-Ni$ 固溶体,并没有检测到其他相的存在。这说明析出相包括 $\gamma'(Ni_3AlTi)$、$\gamma''(Ni_3Nb)$、$\delta(Ni_3Nb)$、$Laves(Ni,Fe,Cr)_2(Nb,Ti,Mo)$ 相,碳化物等可能不存在或者质量分数很少,或者尺寸较小。因此有必要做进一步的测试,分析析出相的种类、形态及分布。

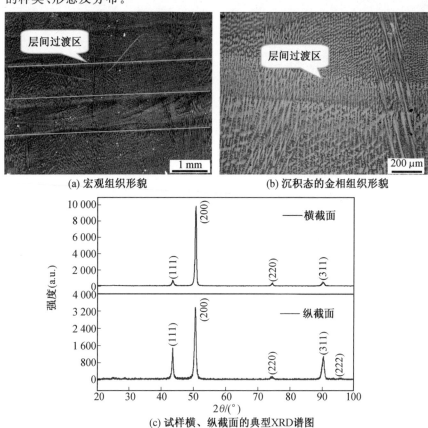

(a) 宏观组织形貌　　　　　　(b) 沉积态的金相组织形貌

(c) 试样横、纵截面的典型XRD谱图

图4.2　试样在垂直电弧扫描方向上的横截面显微组织及其典型的 X 射线衍射谱图

2. 析出相

为了进一步分析组织中的析出相,进行了扫描电子显微镜、能谱和透射电子显微镜分析。图 4.3 所示为 Inconel625 合金沉积态组织在扫描电子显微镜(SEM)下的形貌照片,可以看到在枝晶间主要分布两种形态的析出相,一种为形状不规则的块状相,呈现弥散的分布特征,另一种为细小的颗粒相。能谱分析结果如图4.4所示,两种相具体的原子数分数见表4.1。分析结果表明,$\gamma-Ni$ 固溶体主要含有 Ni 元素和 Cr 元素,其他的合金元素(包括 Nb、Mo、Ti)的原子数分数较小,相比之下,形状不规则的析出相中 Ni 和 Cr 元素的原子数分数有所降低,而 Nb、Mo、Ti 等合金元素明显增多,特别是 Nb 元素,其原子数分数是 $\gamma-Ni$ 固溶体中的 10 倍之多。通过计算可知,形状不规则的析出相中 Fe、Cr 和 Ni 元素的原子数分数总和为 63.87%,而 Nb、Mo 和 Ti 元素的原子数分数总和为 36.13%,分析其可能为 $Laves(Ni,Fe,Cr)_2(Nb,Ti,Mo)$ 相。Laves 相作为一种脆性的有害相,消耗了大量的 Nb、Mo 等合金元素,使得 γ 相的合金元素原子数分数较少。这就导致基体被软化,进而影响成形零件的力学性能。而 Nb 的偏析作为影响 Inconel625 合金中相析出转变的主要因素,也是本课题研究的重点。

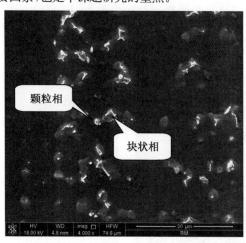

图4.3　Inconel625 合金沉积态组织在扫描电子显微镜下的形貌照片

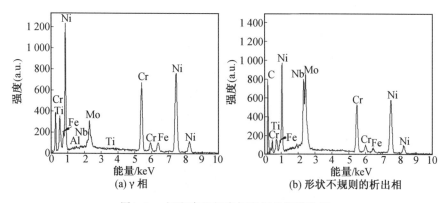

图4.4　沉积态组织中析出相的能谱分析

表 4.1　沉积态组织中析出相的能谱分析结果　　%（原子数分数）

相	Ni	Cr	Mo	Nb	Ti	Fe
γ 相	62.63	23.21	5.27	1.73	4.86	2.3
形状不规则的析出相	42.49	18.82	13.18	20.13	2.82	2.56

颗粒相由于尺寸较小，无法通过扫描电子显微镜确定其种类和析出特征，因此有必要对组织进行透射电子显微镜分析。图 4.5 所示为沉积态组织中析出相的透射电子显微镜明场照片和选区衍射斑点，图 4.5(a) 是形状不规则的析出相的明场照片和其沿着晶带轴 [011] 的衍射斑点，结果证实了形状不规则的析出相为 Laves 相，其作为高温合金中的 TCP 相，晶体结构为复杂的密排六方结构。图 4.5(b) 和 4.5(c) 所示为沉积态组织中另

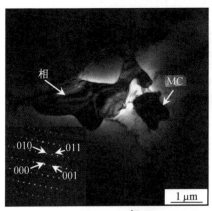

(a) Laves 相

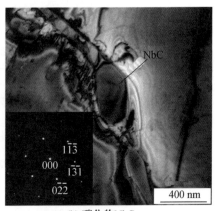

(b) 碳化物 NbC

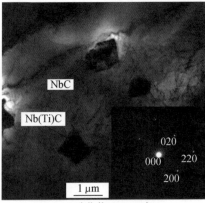

(c) 碳化物 Nb(Ti)C 相

图 4.5　沉积态组织中析出相的透射电子显微镜明场照片和选区衍射斑点

外一种析出相 MC 碳化物颗粒的明场照片和选区衍射斑点,经过衍射斑点的标定和能谱分析结果(图 4.6),MC 颗粒包括两种碳化物,分别为 NbC 和 Nb(Ti)C,其中方块状的 Nb(Ti)C 主要在枝晶间析出,而椭圆状的 NbC 颗粒主要析出在晶界处和枝晶间,它们的尺寸均在 1 μm 左右,这些细小的 MC 颗粒在枝晶间以及晶界处析出,对持久力学性能是有利的,这是由于 MC 颗粒作为第二相质点,对晶界滑移起到抑制作用,从能谱分析结果可以发现 MC 碳化物中 Nb 元素的原子数分数要高于 Ti 元素的原子数分数,因此说明 Nb 元素的 MC 形成能力要高于 Ti 元素的 MC 形成能力。

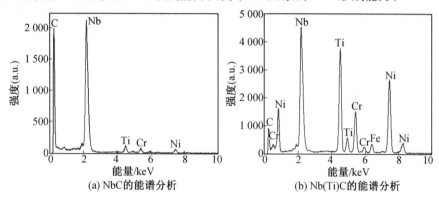

(a) NbC的能谱分析　　　　　(b) Nb(Ti)C的能谱分析

图4.6　沉积态组织中碳化物的能谱分析结果

3. 枝晶组织生长机理

综上所述,等离子弧熔覆再制造 Inconel625 合金的典型组织特征为:沉积态的显微组织为柱状枝晶形态,并呈现沿着沉积高度方向的定向生长特征,在层的内部组织以胞状枝晶为主,而在层与层过渡区组织为细小的胞状晶;同时组织中以 γ 固溶体为主,并在枝晶间析出了大量的 Laves 相,而 NbC 和 Nb(Ti)C 在枝晶间和晶界处析出。Inconel625 合金的熔覆再制造典型组织特征是由很多因素决定的,如成形和凝固过程、冷却条件、温度梯度及材料的因素等。本节将重点通过成分过冷理论结合等离子弧熔覆再制造独有的材料沉积过程来分析组织的特征。影响成分过冷的因素有很多,主要可以分成两类,分别为工艺因素和合金性质,其中工艺因素主要为温度梯度 G 和结晶速率 R;而合金性质主要包括溶质浓度 c_0、液相线的斜率绝对值 m_L、溶质在液相的扩散系数 D_L 和溶质在固液相中的分配系数 k。

接下来讨论在等离子弧熔覆再制造过程中的工艺因素以及溶质浓度对组织形态的影响,进而分析沉积层内和层间组织形态不同的原因。图

4.7 所示为等离子弧熔覆再制造过程中的熔池凝固和组织生长示意图,Q代表散热方向,Q_t 和 Q_l 分别代表在横向和纵向的散热分量,V_n 和 V_{n+1} 分别代表第 n 层和第 $n+1$ 层材料的沉积方向,R 代表结晶速率。在第 n 层沉积材料凝固过程中,在熔池的底部温度梯度较高,而凝固速率很低,G/R 较大,成分过冷的程度较小,而层间过渡区的组织正处于第 $n+1$ 层材料沉积的熔池底部,组织呈现细小的胞状晶形态,相对于层内组织,该组织处于熔池中上部,温度梯度降低,结晶速率加快,因此组织为胞状树枝晶形态。而在典型的沉积态枝晶组织中绝大部分是呈现沿沉积高度方向上外延的生长特征,这是由于熔池中下部的温度梯度沿着高度方向的分量要大于其他方向的分量,而在熔池的顶部,沿着扫描方向的温度梯度的分量要大于其余方向,并且温度梯度将会降低,倾向于导致树枝晶或等轴晶的生长,但熔池顶部的组织往往在下一层沉积过程中发生重熔,所以重熔深度往往影响零件组织的整体连续性,这点将在后续章节中进行讨论。

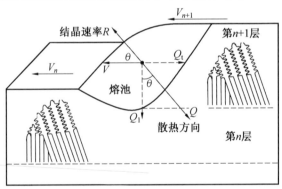

图4.7　等离子弧熔覆再制造过程中的熔池凝固和组织生长示意图

　　通过沉积凝固示意图,可以得出组织凝固过程中的温度梯度和结晶速率的表达式,进而讨论如何控制温度梯度和结晶速率。根据熔池的凝固特点,R 表示结晶速率,v 为焊接速度,θ 表示结晶速率和焊接速度的夹角,h 为沉积层高度,w 为熔池宽度,k 为材料的导热系数,η 为等离子弧效率,P 为功率。熔池凝固的冷却速率可以用式(4.1)表示,其中 θ 可以用式(4.2)表示,根据 D. Rosenthal 的模型[67],熔池凝固过程的温度梯度 G 可以用式(4.3)表示,因此可以推导出 G/R 的值(见式(4.4)),其中 T 为合金的液相线温度,T_0 为初始温度。从式(4.4)可以看出,在材料确定的情况下,液相线温度和导热系数可以设为定值,而熔池凝固过程中的成分过冷主要由工艺参数决定,因此工艺参数对枝晶的形态具有重要的影响,这将在4.2.2小节进行重点讨论。

$$R = v \cdot \cos \theta \tag{4.1}$$

$$\theta = 90° - \arctan(h/w) \tag{4.2}$$

$$G = \frac{2\pi k (T - T_0)^2}{\eta P} \tag{4.3}$$

$$\frac{G}{R} = \frac{2\pi k (T - T_0)^2}{\eta P v \cos \theta} \tag{4.4}$$

除了枝晶的形态以外,枝晶间距是另一个评价组织优劣的因素,它主要包括一次枝晶间距和二次枝晶间距,枝晶间距越小,沉积态组织越细密,同时分布于枝晶间的元素偏析范围越小。二次枝晶间距的计算表达式为

$$d_2 = A \left(\frac{\Delta T_s}{R \times G} \right)^{\frac{1}{3}} \tag{4.5}$$

式中,d_2 为二次枝晶间距;A 为比例常数,与合金性质有关;ΔT_s 为非平衡凝固的温度区间。

可以看出,温度梯度和结晶速率是影响二次枝晶间距的两个重要因素,即 $G \times R$ 较大时,枝晶间距小,组织也更为细小致密。$G \times R$ 相当于冷却速率,因此可以根据冷却速率的值计算出二次间距的大小。

综上所述,温度梯度 G 和结晶速率 R 决定结晶组织;G/R 决定结晶组织的形态;$G \times R$ 决定结晶组织的大小。

4. 相析出机理

沉积态组织中析出相的种类、大小和分布特征主要受等离子弧熔覆再制造 Inconel625 合金的凝固过程控制。该过程发生的反应为 L→L+γ→L+γ+MC→γ+MC+Laves,即在凝固开始阶段,首先发生 L→L+γ 反应,含溶质元素较少的 γ−Ni 先结晶;随着凝固反应的进行,Mo、Nb、C 等合金元素在枝晶间隙处聚集,促使 L→L+γ+MC 发生,使大量碳化物析出;随着结晶反应的继续,合金元素在枝晶间隙进一步聚集,当温度降至反应 L→γ+Laves 发生时,合金元素被完全消耗,从而 Inconel625 合金的结晶凝固过程完成[68]。在 Inconel625 合金的沉积态组织中,枝晶间隙的 Nb 元素会大量聚集,原子数分数可超过 10%,而 Nb 在 Laves 相中偏析将更高,原子数分数为 10% ~ 30%。因此 Laves 相的析出消耗了大量的 Nb、Mo 等元素,使得基体中出现多个贫 Nb、Mo 区域,从而严重抑制了 γ′、γ″ 及 δ 相的析出。Laves 相作为一种脆性的有害相,势必要采取合理措施来控制其析出的形态、数量和分布特征。Laves 相的析出主要是由合金元素在凝固过程中的严重偏析所引起的[69]。而元素的偏析量与沉积过程的冷却

速率和热输入有直接关系,快的冷却速率和低的热输入量均有利于控制元素的偏析。因此只有合理地优化沉积工艺,才能更好地控制 Laves 相。枝晶形态对 Laves 相的分布特征有重要的影响,不同的枝晶形态对应着 Laves 相的不同分布特征,这是因为 Laves 相倾向于在枝晶的间隙析出,窄的枝晶间隙通常导致析出少量不连续的 Laves 相。

4.2.2　工艺参数对沉积态组织的影响

从以上分析可以看出,工艺参数是影响沉积态组织的重要因素。因此本小节利用改变单一参数的方法分析了峰值电流、脉冲频率、焊接速度和送丝速度这四个工艺参数对沉积态组织的影响。固定的熔覆再制造参数见表 4.2,变化的成形工艺参数见表 4.3。

表 4.2　固定的熔覆再制造参数

参数	峰值电流 I_P/A	基值电流 I_b/A	频率 f/Hz	占空比	焊接速度 / (m·min^{-1})	送丝速度 / (m·min^{-1})
数值	220	140	60	50%	0.2	2.0

表 4.3　变化的成形工艺参数

峰值电流 I/A	脉冲频率 /Hz	焊接速度 $v/(m·min^{-1})$	送丝速度 $v_2/(m·min^{-1})$
180	15	0.15	1.0
220	60	0.2	2.0
260	100	0.25	3.0

1. 峰值电流

采用峰值电流为 180 A、220 A 和 260 A 制备了三组 Inconel625 试样,共堆积五层。图 4.8 所示为不同峰值电流所对应的沉积态组织形貌。电流为 180 A 时的组织形貌如图 4.8(a)和图 4.8(b)所示,可以看到,沉积层组织由细小的胞状晶组成,Laves 相和 MC 相呈现细小的颗粒形态,沿着胞状枝晶间隙弥散析出,两种相析出的数量较少,尺寸也较小,大约为几个微米。当峰值电流增加到 220 A 时,组织形貌如图 4.8(c)和图 4.8(d)所示,可以观察到,组织呈现胞状树枝晶形态,长条状的 Laves 相和 MC 颗粒沿着列状胞状树枝晶间隙连续析出,析出相的数量明显增多,并且尺寸变大到 10 μm 左右。当电流继续增加到 260 A 时,如图 4.8(e)和 4.8(f)所示,组织呈现粗大的树枝晶形态,Laves 相变成了片状,Laves 相和 MC 颗粒析出的数量继续增多，并且尺寸进一步增大，接近 15 μm。因此综上所观察到的现象，随着峰值电流的增加，无论是枝晶形态，还是析出相的形态、尺寸和数量都变化明显。分析原因是根据式(4.5)，峰值电流的增加导致温度梯度 G 减小，因此 G/R 变小，成分过冷程度会增大，导致了枝晶组织由胞状晶向树枝状晶变化。同时峰值电流的增加，也导致了 $G \times R$ 的减小，枝晶间距增大，从而使得更多的合金元素 Nb、Mo 和 Ti 在枝晶间隙聚集，严重的元素偏析也导致 Laves 相的数量增多，尺寸变大，当电流增加至 260 A 时，Laves 相几乎在枝晶间隙呈现连续网状分布，Laves 相的这种分布状态对力学性能是有害的。

2. 脉冲频率

为了研究脉冲频率对组织的影响规律，固定其他参数，采用普通直流，分别使用脉冲频率为 30 Hz、60 Hz 和 100 Hz 成形了 Inconel 625 合金试样，其中直流工艺选择的电流为脉冲工艺条件下的平均电流，即直流工艺的热输入量与脉冲工艺的热输入量是相同的。图 4.9 所示为脉冲频率对沉积态组织形貌的影响。图 4.9(a) 和(b) 所示为普通直流工艺下的沉积态组织特征，可以看到组织呈现粗大的胞状树枝晶形态，具有较为发达的二次横枝，枝晶间距较大，严重的元素偏析导致了大量的 Laves 相在枝晶间析出。采用脉冲等离子弧熔覆再制造工艺，组织明显呈现不同的特征。与脉冲频率为 60 Hz 相比，脉冲频率为 30 Hz 时，如图 4.9(c) 和(d) 所示，组织呈现较为细小的胞状晶形态，Laves 相和 MC 相数量较少且尺寸较小，弥散分布在胞状晶间隙。而当脉冲频率增加到 100 Hz 时，如图 4.9(e) 和(f) 所示，可以看到组织转变为粗大的胞状枝晶形态，枝晶间隙变大，Laves 相析出量变多且尺寸变大，并呈现连续的分布特征。分析原因为脉冲工艺与普通直流相比，虽然热输入量没有增加，但电弧对熔池的搅拌作用使得组织明显发生了细化，说明脉冲工艺有利于优化组织。但随着脉冲频率的增加，组织由细小的胞状晶向胞状枝晶转变。这是因为提高脉冲频率，将会缩短每个周期峰值电流作用的时间，即冷却时间变短，熔池的温度梯度 G 会降低，根据式(4.2) 和式(4.5)，G/R 的值变小，成分过冷增大，因此导致枝晶形态的转变。脉冲频率达到 100 Hz 时，直流工艺特征更加明显，因此组织出现了明显的粗化。

3. 焊接速度

采用焊接速度 0.1 m/min、0.2 m/min 和 0.3 m/min 制备了 Inconel625 合金试样。焊接速度对沉积态组织形貌的影响如图 4.10 所示，当焊接速度为 0.1 m/min 时，组织特征如图 4.10(a) 和(b) 所示，可以

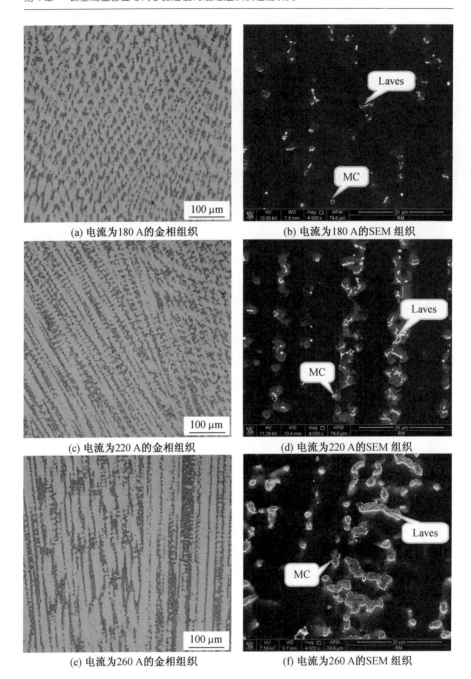

(a) 电流为180 A的金相组织

(b) 电流为180 A的SEM 组织

(c) 电流为220 A的金相组织

(d) 电流为220 A的SEM 组织

(e) 电流为260 A的金相组织

(f) 电流为260 A的SEM 组织

图4.8　峰值电流对沉积态组织形貌的影响

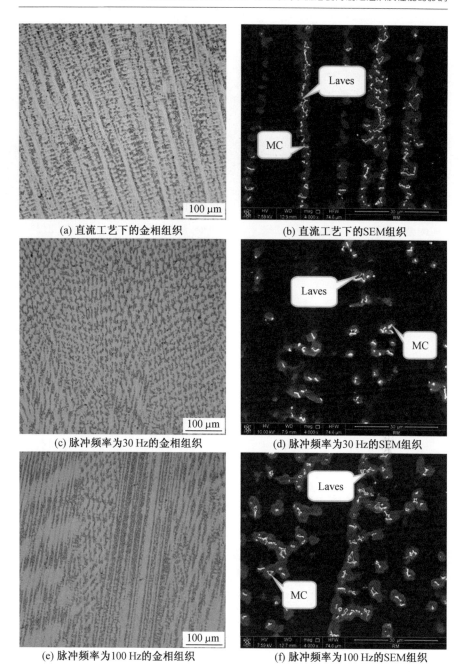

(a) 直流工艺下的金相组织   (b) 直流工艺下的SEM组织

(c) 脉冲频率为30 Hz的金相组织   (d) 脉冲频率为30 Hz的SEM组织

(e) 脉冲频率为100 Hz的金相组织   (f) 脉冲频率为100 Hz的SEM组织

图4.9 脉冲频率对沉积态组织形貌的影响

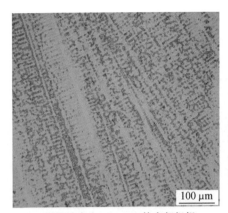

(a) 焊接速度为0.1 m/min的金相组织

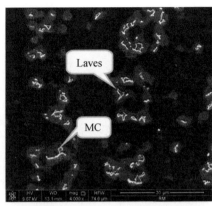

(b) 焊接速度为0.1 m/min的SEM组织

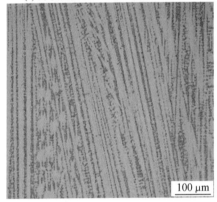

(c) 焊接速度为0.3 m/min的金相组织

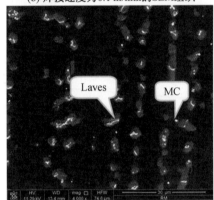

(d) 焊接速度为0.3 m/min的SEM组织

图4.10　焊接速度对沉积态组织形貌的影响

发现,沉积态组织呈现粗大的树枝晶形态,与焊接速度为 0.2 m/min 相比,枝晶间距明显变大,从 20 μm 增加到了 100 μm,并且从主干上生长出较为发达的二次横枝,其长度从几微米增加到了 50 μm。Laves 相的析出量更多,尺寸更大,并且沿着枝晶间隙呈现连续分布的特征。当焊接速度提高到0.3 m/min 时,组织形貌如图 4.10(c) 和(d) 所示,枝晶形态变成了细小的胞状晶,二次横枝几乎消失。枝晶间距大约为 10 μm。Laves 相的尺寸变小,并且数量变少,呈现弥散地分布在枝晶间。通过上述分析,可以知道随着焊接速度的增加,沉积态组织由粗大的树枝晶向细小的胞状晶变化,枝晶间距明显变小,析出相的尺寸也随之变小且数量变少,在分布上也由连续析出向弥散析出转变。

　　分析原因,随着焊接速度的增加,根据式(4.2)可知,结晶速率 R 变快,熔池中心的温度梯度下降很多,使得 G/R 变小,成分过冷程度同样会增大,组织发生了由胞状晶向树枝晶的转变。同时 $G×R$(即冷却速率)变大,使得枝晶组织变得细小,枝晶间隙变小。同时冷却速率增加,枝晶间的元素偏析减弱,并结合小的枝晶间隙,使得 Laves 相呈现上述的形态和分布特征。

4. 送丝速度

图 4.11 所示为送丝速度对沉积态组织形貌的影响。结果发现,当送丝速度为 1.0 m/min 时,组织形貌如图 4.11(a)和(b)所示,组织呈现胞状枝晶形态,Laves 相沿着列状枝晶间隙连续析出,随着送丝速度的增加,组织逐渐变得细小,Laves 相的数量减少和尺寸变小;当送丝速度增加到 3.0 m/min 时,如图 4.11(c)和(d)所示,组织变成更加细小的胞状晶形态,析出相的尺寸变得更小,而数量也变少,并呈现弥散的分布特征。送丝

(a) 送丝速度为 1.0 m/min 的金相组织

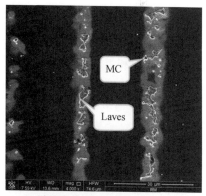

(b) 送丝速度为 1.0 m/min 的 SEM 组织

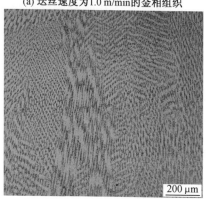

(c) 送丝速度为 3.0 m/min 的金相组织

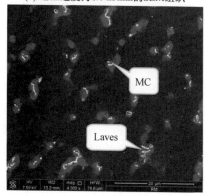

(d) 送丝速度为 3.0 m/min 的 SEM 组织

图4.11　送丝速度对沉积态组织形貌的影响

速度对沉积态组织的影响可以通过单位质量的沉积材料比能的变化来解释,单位沉积材料的比能可以由式(4.6)表示,送丝速度的增加,将导致材料的比能降低,填充材料的平均温度会降低,电弧的热量会被大量消耗,基体的加热温度会降低,因此使得熔池的温度梯度增加,冷却速率变大[70-71]。所以在高温度梯度和快冷却速率的作用下,组织会被细化。另外送丝速度的提高,无疑会提高等离子熔覆再制造 Inconel625 合金的沉积效率,在堆积同样高度试样的情况下,堆积层数会大大减少,因此循环加热的次数降低,避免了热量积累对材料组织的不利影响。

$$E = \frac{P}{\eta v} \tag{4.6}$$

式中,P 为电源输出功率;η 为填充焊丝材料的有效利用系数;v 为送丝速度。

4.2.3　工艺参数对力学性能的影响

显微硬度是评价沉积材料力学性能的一个重要依据,它主要取决于材料的化学成分和组织特征。本节通过对显微硬度的测试,研究了工艺参数对沉积态试样力学性能的影响,进而揭示了组织和力学性能的关系。图4.12 所示为峰值电流、焊接速度、脉冲频率和送丝速度对沉积态材料硬度的影响规律。结果表明,随着峰值电流的增加,沉积材料的显微硬度不断降低,在本试验的参数范围内,180 A 所获得的显微硬度平均达到 HV288,而 260 A 所对应的显微硬度仅约 HV264,相差较大;而随着焊接速度和送丝速度的增加,试样显微硬度是不断增大的;脉冲频率对显微硬度的影响相对较为复杂,首先在普通直流工艺条件下,显微硬度较低,随着脉冲频率的增加,显微硬度呈现先升高后降低的趋势。

上述测试结果表明,工艺参数对沉积态试样显微硬度的影响是明显的,这与不同工艺参数下的组织特征是密不可分的。随着峰值电流的增加,温度梯度不断降低,导致了组织的粗化,元素偏析严重,Laves 等析出相变得粗大,基体软化,从而使显微硬度不断下降。而随着焊接速度和送丝速度的增加,材料的冷却速率也增加,组织得到了细化,元素偏析减弱,基体得到了充分的强化,从而使得显微硬度不断升高。与直流工艺相比,脉冲工艺条件下材料的显微硬度较高主要是由于脉冲电流对熔池的搅拌作用,阻止了粗大枝晶的形成,使得组织细化,进而提高了显微硬度。但当脉冲频率过高时,由于脉冲工艺特征不明显,导致了组织的粗化,显微硬度降低。

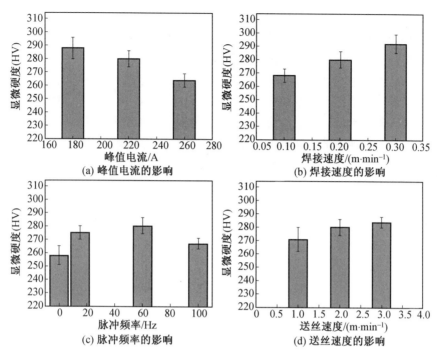

图4.12 工艺参数对沉积态材料硬度的影响

综上所述,工艺参数的变化使得组织中的枝晶形态、大小以及元素的偏析程度都发生了变化,最终导致了力学性能的变化,一方面表现为组织越细小,晶界越多,而晶界是一个原子排列相当紊乱的区域,会提高材料的抗变形能力,结果导致硬度值随着组织的细化而增加;另一方面,元素的偏析严重影响材料的显微硬度,对于 Inconel625 合金而言,基体的强化主要依赖于 Nb 元素和 Mo 元素的固溶强化,而当这些合金元素更多地在枝晶间偏析,生成有害的脆性 Laves 相时,势必导致基体的软化和显微硬度的降低。

4.2.4 工艺参数对组织及性能的综合影响

从上述试验结果可以发现,峰值电流和焊接速度对沉积态组织的影响是综合的,为了研究这两个工艺参数对沉积态组织的影响,将电源输出功率 P 和焊接速度 v 的比值作为一个综合指标。实际上,输出功率 P 和焊接速度 v 的比值可以表征为电弧加热过程中的线能量密度。表4.4所示为线能量密度 P/v 与沉积态组织的关系。结果表明,在水冷铜板的强制冷却条件下,线能量密度低于 16 000 W·min/m 时,沉积态组织主要为细小胞状晶;当线能量密度达到 20 000 W·min/m 时,沉积态组织转变为粗大的胞状枝晶;当线能量密度达到 36 000 W·min/m 时,沉积态组织转变为粗大的树枝晶。另外,可以发现随着线能量密度的增加,枝晶间距明显增加。主要原因是线能量密度的增加势必导致熔池的尺寸变宽变深,温度梯度降低,从而导致了组织由胞状晶向树枝晶转变,并且 $G \times R$(即冷却速率)变小,枝晶间距增加。组织的变化最终会影响材料的力学性能,硬度测试的结果表明,线能量的不断增加最终导致了沉积态材料硬度的不断下降。

表 4.4　线能量密度 P/v 与沉积态组织的关系

线能量密度 $\dfrac{P}{v}$/ (W·min·m^{-1})	功率 P /W	焊接速度 v /(m·min^{-1})	组织特征	枝晶间距 /μm	硬度 (HV)
12 000	3 600	0.3	细小胞状晶	12	292
16 000	3 200	0.2	细小胞状晶	15	288
18 000	3 600	0.2	细小胞状枝晶	20	280
20 000	4 000	0.2	粗大胞状枝晶	42	264
36 000	3 600	0.1	粗大树枝晶	65	258

图 4.13 所示为成形试样顶部一薄层枝晶层的金相组织形貌,可以看到顶部枝晶层呈现平行沉积方向的等轴晶形态,这是由于熔池本身由底部到顶部温度梯度不断降低,凝固速率不断增加,从而导致了熔池凝固过程中由柱状晶向等轴晶的转变,并且由于熔池顶部的散热方向由垂直焊接方向转变为平行于焊接方向,从而组织倾向于平行焊接方向生长。但是在后续层的沉积过程中,当这个转变层被重熔,且仅能在试样顶部观察到时,仍然保证了成形件内部组织的连续柱状晶形态;如果在新一层的沉积过程中无法将这一层重熔掉,将会破坏外延生长的组织的连续性,从而影响成形零件的力学性能,特别是针对薄壁零件,组织定向生长的连续性有利于零件在平行于枝晶生长方向上获得更高的强度和抗蠕变性能。

为了保持熔覆再制造组织的生长连续性,控制转变层的厚度和重熔深度是至关重要的,而工艺参数对它们的影响是显著的,特别是峰值电流和焊接速度,而送丝速度和脉冲频率对其几乎没有影响。根据试验结果可知:随着峰值电流的增加,转变层的厚度会增加,而重熔深度也会随之加深;随着焊接速度的增加,转变层的厚度会减小,从而有利于转变层的消失,保持组织的连续性,但重熔深度会变浅。因此可以看到这两个工艺参数对转变层的厚度和重熔深度的影响均具有双重性,当成形电流较低时,

图4.13 成形试样顶部一薄层枝晶层的金相组织形貌

转变层的厚度与重熔深度的比值随着焊接速度的提高而减小；当成形电流较大时，该比值随着焊接速度的提高先增大后减小[17]。因此通过控制工艺参数能够保证重熔深度大于转变层的厚度，即可保持组织的连续性。图4.14所示为成形工艺对转变层重熔程度的影响，可以看到当线能量密度 P/v 为 36 000 W·min/m 时，组织中有剩余的转变层，如图 4.14(a) 所示，从而破坏了组织的连续性，这主要是焊接速度较小使得转变层的厚度与重熔深度的比值变大；当能量密度 P/v 为 18 000 W·min/m 时，组织中未出现转变层，如图 4.14(b) 所示，从而保证了组织的连续性。因此可知在功率 3 600 W 不变的条件下，焊接速度达到 0.2 m/min 时，转变层即可被后续沉积过程完全重熔掉。

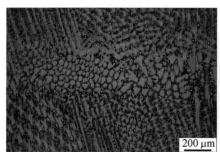

(a) 转变层不完全重熔   (b) 转变层完全重熔

图4.14 成形工艺对转变层重熔程度的影响

综上所述，工艺参数对沉积态组织和力学性能的影响主要表现在：随着工艺参数的变化，组织中的枝晶形态、枝晶间距、枝晶组织的连续性以及析出相的形态、大小和分布特征均发生明显变化。结果发现：在低的峰值电流、高的焊接速度（即线能量密度 P/v 较低）时，可以获得细小致密的枝晶组织，元素偏析较弱，细小的析出相呈现弥散的分布特征，同时可以保证成形试样内部组织无转变层，呈现沿沉积高度方向外延连续生长的柱状晶组织，所获得的材料具有更为优异的力学性能。在本节的试验参数范围内，要求线能量密度低于 18 000 W·min/m。而对于另一个重要的工艺参数（即送丝速度），由以上分析表明随着送丝速度的增加，沉积速率会不断增加，组织也会变得更为细小致密，但送丝速度的增加势必要求具有足够的线能量密度，才能保证良好的成形以及沉积材料充分熔化。本节的研究表明，在本试验条件下，当送丝速度达到 3.0 m/min 时，要求的线能量密度应该达到 18 000 W·min/m 以上。综合上述分析，优化后的工艺参数见表 4.5。

表 4.5　优化后的工艺参数

峰值电流 I_P/A	基值电流 I_b/A	频率 f/Hz	占空比	焊接速度 / $(m·min^{-1})$	送丝速度 / $(m·min^{-1})$
220	140	$30\sim60$	50%	0.2	3.0

4.3　Inconel625 合金薄壁零件熔覆再制造组织及力学性能

4.3.1　薄壁零件组织的演变特征

1. 连续沉积方式

成形的薄壁试样高度为 40 mm，共堆积 25 层，层间高度为 1.6 mm。图 4.15 所示为连续沉积试样横截面的组织形貌。其中，图 4.15(a) 所示为成形试样底部的显微组织形貌，可以看到底部组织呈现细小的胞状晶形态，枝晶间距接近 20 μm，同时没有二次横枝；试样中部组织如图 4.15(b) 所示，可以发现中部组织呈现明显的胞状枝晶形态，而且枝晶间距明显变大，二次分枝变得发达；图 4.15(c) 所示为试样上部组织形貌，可以观察到组织转变为二次横枝异常发达的枝晶形态，枝晶间距较中部进一步增大；试样的顶部组织如图 4.15(d) 所示，组织出现了由柱状晶向取向杂乱的等轴晶转变的过渡区，而在试样的底部和中部并没有发现等轴晶区的存在。观察结果证实了薄壁试样内部等轴晶层完全被重熔掉，保证了成形试样整体的外延柱状晶的生长连续性。综上所观察的结果可以看到，由试样的底部到顶部,枝晶组织发生了胞状晶 → 胞状枝晶 → 树枝晶 → 等轴晶的转变,并且枝晶间距逐渐变大,从而说明连续沉积方式下的薄壁试样整体的组织是不均匀的,这主要是由于在连续堆积过程中,电弧的能量在试样中不断积累,从而使得沉积层的温度不断上升,而熔池温度也随之升高,并且熔池的温度梯度逐渐变小,冷却速率逐渐变慢,最终导致了沉积试样整体组织的不均匀。下面将详细讨论在沉积过程中,熔池凝固的温度梯度和冷却速率的变化规律。

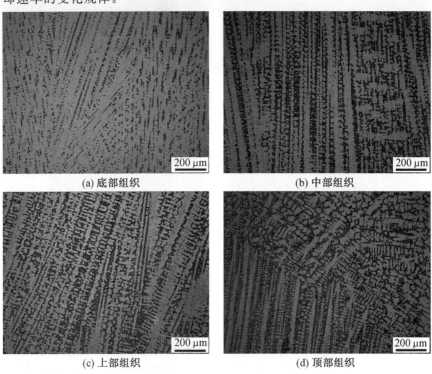

(a) 底部组织　　　　　　　　　　　(b) 中部组织

(c) 上部组织　　　　　　　　　　　(d) 顶部组织

图4.15　连续沉积试样横截面的组织形貌

　　除了枝晶组织外,沉积态组织中析出相的尺寸、数量以及形态在试样底部、中部以及上部也是变化的。图 4.16 所示为成形薄壁试样底部到顶部微观组织中相的析出特征。其中,图 4.16(a) 所示为试样的底部组织形貌,可以看出,Laves 相和 MC 碳化物呈细小颗粒状,弥散分布在列状枝晶的间隙,并且析出的数量较少;图 4.16(b) 所示为试样中部组织中相的分布特征,与底部相比,Laves 相从颗粒状变成了短棒状,MC 颗粒也明显增大了几倍,同时这两种相的析出数量明显增多;图 4.16(c) 所示为试样上部组织中相的分布特征,可以观察到,Laves 相呈现竹叶状,MC 颗粒也进

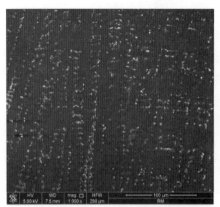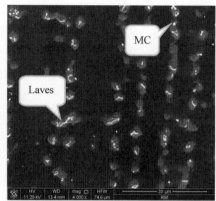

(a) 底部组织及其析出相

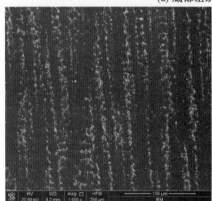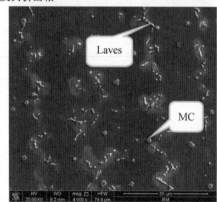

(b) 中部组织及其析出相

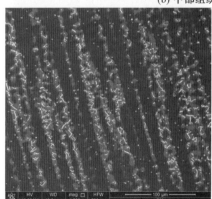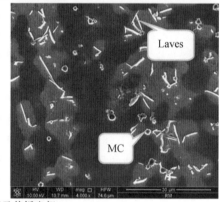

(c) 上部组织及其析出相

图4.16 　 成形薄壁试样底部到顶部微观组织中相的析出特征

一步增大,并且析出相的数量进一步增多。上述观察结果表明,沉积态试样组织中相的尺寸、数量以及形态的变化和枝晶组织的变化是息息相关的,细小的枝晶组织和小的枝晶间隙更倾向于析出细小颗粒相,而随着枝晶的粗化,枝晶间距增大,析出相的尺寸和数量也变大。这同样是因为随着沉积高度的增加,冷却速率不断降低,合金元素 Nb、Mo 等在枝晶间隙大量聚集,元素偏析越来越严重,同时伴随着枝晶间隙的增大,为析出相 Laves 和 MC 提供了粗化的基础和环境。而 Laves 相形态的颗粒状 → 短棒状 → 竹叶状的变化,会对合金性能带来越来越多有害的影响。

2. 间隔冷却沉积方式

对采用间隔冷却 30 s 的沉积方式获得的薄壁试样的微观组织形貌进行测试,如图 4.17 所示。图 4.17(a) 所示为试样底部的组织特征,可以发现,底部组织与连续沉积方式得到的底部组织相似;图 4.17(b) 所示为试样中部的组织特征,与底部相比,枝晶间距变化不大,Laves 相从颗粒状变成了短棒状,MC 相尺寸略有增大,与连续沉积方式相比,析出相数量明显减少;图 4.17(c) 所示为试样上部组织中相的分布特征,与试样中部组织相比,Laves 相和 MC 颗粒略有长大,析出相的数量增加不明显。综合上述观察结果可知,与连续沉积方式相比,间隔冷却所获得的沉积态组织更加细小,特别是中部到上部组织中析出相形态和尺寸差别不大,很好地保证了成形试样整体组织的均匀性。

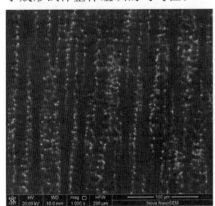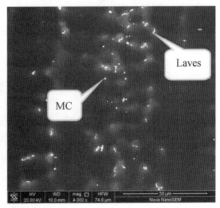

(a) 底部组织及其析出相

图4.17 间隔冷却沉积试样组织中相的分布特征

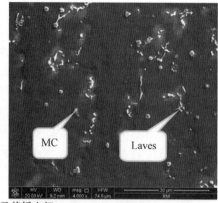

(b) 中部组织及其析出相

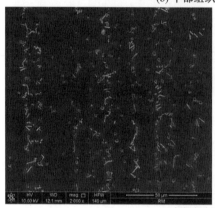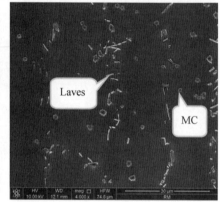

(c) 上部组织及其析出相

续图 4.17

4.3.2　薄壁零件成形过程温度场演变规律

通过 4.2.1 小节的分析发现,连续沉积导致了薄壁试样整体组织严重不均匀,而采用间隔冷却方式改善了沉积态组织的均匀性。为了进一步分析两种沉积方式对组织的影响机理,本小节将采用有限元的方法计算在薄壁试样沉积过程中熔池的温度梯度和冷却速率的变化规律,从而更清晰地揭示温度场的变化对整体试样组织演变的影响机理,为后续工艺的调整和组织的优化提供有力的理论支持。

1. 有限元建模方法

（1）等离子弧熔覆再制造的热过程。

等离子弧熔覆再制造是利用逐层堆焊的方法制造零件。与一般焊接过程相比,熔覆再制造的热循环更为复杂,容易导致组织粗大、不均匀及严重的成分偏析,进而影响零件的力学性能。等离子弧熔覆再制造是一个典型的非线性瞬时热传导过程,在这个过程中存在材料的熔化、凝固、重熔和热量不断积累等很多复杂的现象。因此研究等离子弧熔覆再制造的传热现象对于控制工艺、优化成形零件组织和提高成形零件性能是非常重要的。本节将采用有限元法针对两种类型(包括单道多层薄壁型和多层多道块体型)零件成形过程中的热传导现象进行研究,重点分析成形过程中的温度场分布特征对组织及性能的影响机理。为了更准确地建立有限元模型,首先对这两种类型零件的成形过程进行分析。图 4.18 所示为等离子弧熔覆再制造薄壁零件的模型。薄壁零件的成形是单道多层的沉积过程,在堆积完一层后,焊枪抬起高度 h,从第二层开始均在前一层的成形轨迹上进行,前层顶部的材料会在后层的沉积过程中被重熔,因此,重熔区域的材料会沿着前一层焊道的轮廓向下填充[72],所以薄壁试样成形过程中层间高度 h 应小于焊道轨迹的高度 H。

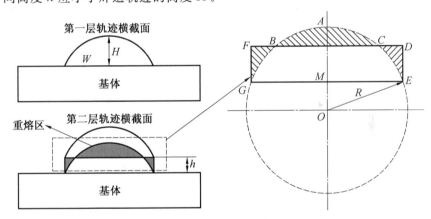

图4.18　等离子弧熔覆再制造薄壁零件的模型

研究结果表明,当选择较小的层间高度 h 时,后续层在成形时焊枪与前一层轨迹的距离较小,使得电弧的弧高变短,因此能量更加集中,容易引起焊道形状发生较大变化,从而影响成形质量;另一方面,较小的 h 会影响送丝的角度,很难保证焊丝在前一层焊道的中心线位置;当 h 较大时,随着熔覆再制造过程的进行,焊枪距离沉积表面的高度逐渐增加,将导致熄弧的发生,无法连续成形;另外,熔池的保护变差,容易产生气孔、氧化等缺陷。根据上述分析过程可知,对于薄壁零件的有限元模型的建立,准确地选择层间高度是非常重要的。根据薄壁零件成形层间高度计算模型,重熔

部分 S_{ABC} 将填充 S_{BFG} 和 S_{CDE}，由该关系可推出层间高度，最终准确建立薄壁零件成形的有限元模型。其中，假设：① 重熔部分的形状假定为 S_{ABC} 的形状；② 焊道的横截面轮廓为圆弧，所有轨迹具有相同的横截面[72]。因此，具体的层间高度 h 的计算过程如下：

$$S_{ABC} = S_{CDE} + S_{BFG} \tag{4.7}$$

由式（4.7）可得

$$S_{AGE} = S_{EDFG} \tag{4.8}$$

模型可表示为

$$S_{AGE} = R^2 \arcsin\left(\frac{W}{2R}\right) - \frac{W(R-H)}{2} \tag{4.9}$$

$$S_{EDFG} = W \times h \tag{4.10}$$

由式（4.8）、式（4.9）和式（4.10）可得

$$h = \frac{R^2}{W} \arcsin\left(\frac{W}{2R}\right) - \frac{R-H}{2} \tag{4.11}$$

式中，W 为焊道宽度 GE；H 为高度 AM；R 可以由 W 和 H 表示为

$$R = \frac{4H^2 + W^2}{8} \tag{4.12}$$

由式（4.11）和式（4.12），可以将层间高度 h 用成形轨迹宽度 W 和其高度 H 表示，在给定 W 和 H 时可求出 h。

块体零件是由相邻焊道之间相互搭接，并逐层堆积形成的。因此焊道间的搭接率是成形质量的一个重要影响因素。图 4.19 所示为熔覆再制造块体零件的模型，计算过程中的假设与薄壁试样层间高度计算模型相同[30]。在成形过程中，后道与前道搭接时，若忽略表面张力，则搭接面可视为理想平面。

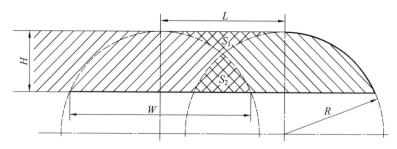

图4.19　熔覆再制造块体零件的模型

在这种理想搭接状态下，应该满足如下几何关系：

$$S_1 = S_2 \tag{4.13}$$

$$S_1 = 2\int_0^{\frac{L}{2}} (R - \sqrt{R^2 - x^2})\,\mathrm{d}x \qquad (4.14)$$

$$S_2 = 2\int_{\frac{L}{2}}^{\frac{W}{2}} \left[\sqrt{R^2 - x^2} - (R - H)\right]\mathrm{d}x \qquad (4.15)$$

相邻焊道的中心距 L 可以由下式表示：

$$L = \frac{2}{H}\left[\frac{R^2}{2}\arcsin\frac{W}{2R} - \frac{W}{4}(R - H)\right] \qquad (4.16)$$

搭接率 η 可表示为

$$\eta = \frac{W - L}{W} \qquad (4.17)$$

通过上述公式计算,可得到相邻焊道的搭接率,从而可以准确地建立块体试样的有限元模型。

(2)零件有限元模型的建立。

采用软件 MSC. Marc 建立等离子弧熔覆再制造零件的有限元模型,薄壁零件的熔覆再制造有限元模型如图 4.20 所示,模型的建立符合实际的成形过程,基板尺寸为 140 mm × 100 mm × 10 mm,焊道的长度为 100 mm,宽度为 8 mm,高度为 3 mm,根据薄壁零件的成形过程模型,计算得到层间高度为 1.6 mm,共堆积 10 层。最终建立的模型共包含 13 760 个单元和 16 730 个节点,单元的类型选择 3D Solid 中的 HEX43。块体零件的有限元模型(图 4.21)是根据前面所述的块体零件的成形过程所建立的,重点模拟相邻焊道间的搭接特点。基板和单道焊道尺寸与薄壁零件成形时相同。单层堆积 9 道,共堆积 5 层,建立的模型共包含 23 696 个单元和 26 912 个节点,单元类型同样为 HEX43。

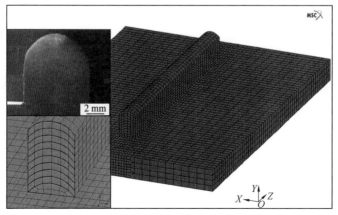

图4.20 薄壁零件的熔覆再制造有限元模型

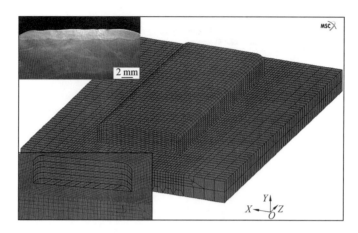

图4.21　块体零件的有限元模型

有限元模型建立后,需要获得材料随温度变化的物理性能参数,并施加给单元网格。但是,多数材料物理性能参数的研究主要集中于室温下,缺乏高温热物理参数,可以利用插值法和外推法得出这些参数。本节涉及的材料有两种,分别为 Q235A 钢和 Inconel625 合金,这两种材料的室温物理性能见表4.6。这两种材料的比热容和导热系数随温度的变化曲线如图4.22 和图 4.23 所示。

表 4.6　Q235A 钢和 Inconel625 合金的室温物理性能

材料	熔点 /℃	弹性模量 / GPa	泊松比	密度 /(kg・m^{-3})	导热系数 /(W・m^{-1}・℃$^{-1}$)	比热容 /(J・kg^{-1}・℃$^{-1}$)
Q235A 钢	1 560	210	0.33	7.8	50	504
Inconel625 合金	1 350	205	0.303	3.53	9.8	402

（3）初始条件和边界条件的施加。

在等离子弧熔覆再制造过程中,初始条件是环境及基板的温度为 20 ℃。由于沉积层表面与环境存在较大的温度差,因此该表面与环境介质发生对流和辐射换热[73]。根据斯蒂芬 — 玻耳兹曼（Stefan — Boltzman）定律,有

$$q_s = \sigma\varepsilon(T^4 - T_0^4) \tag{4.18}$$

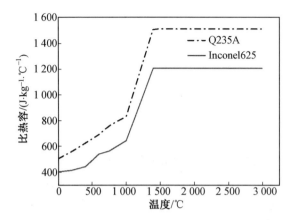

图4.22 Q235A钢和Inconel625合金的比热容随温度的变化曲线

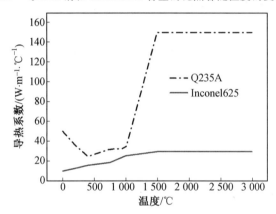

图4.23 Q235A钢和Inconel625合金的导热系数随温度的变化曲线

式中,σ为斯蒂芬-玻耳兹曼常数;ε为焊件表面的辐射系数;T为焊件表面温度($\mathrm{℃}$);T_0为周围介质的温度($\mathrm{℃}$)。

沉积层表面与周围空气的对流换热为

$$q_s = h_f(T_0 - T) \qquad (4.19)$$

式中,h_f为对流换热系数。

为了计算方便,将两种换热方式合成总的换热:

$$q_s = h_f(T_0 - T) + \sigma\varepsilon(T^4 - T_0^4) = [h_f + \sigma\varepsilon(T^2 + T_0^2)(T + T_0)](T - T_0)$$
$$(4.20)$$

假定辐射换热是从沉积层表面和基板到环境介质中,符合等离子弧熔覆再制造的条件。为了模拟保护气体的强制对流对换热系数的影响,本节调整了总的换热系数。另外,在实际等离子弧熔覆再制造过程中,基板下

81

表面采用循环水冷铜板作为垫板,该装置如图 4.24 所示。铜板尺寸为 200 mm×200 mm×40 mm,内部横纵方向共开通四个孔,这些孔在铜板内相互连通,留下两个孔作为入水口和出水口。同时水冷铜板表面带有固定基板的螺栓与钢条,用于降低成形过程中基板的变形,但将水冷装置建立在模型内进行计算,会使得整体单元过多、计算量过大。因此本节通过多次模拟以及试验验证,对基板底面的总换热系数进行了修正,从而更准确地反映水冷铜板的冷却作用。

图4.24　循环水冷装置

除了对流和辐射边界条件外,热源边界条件的准确加载对温度场的模拟结果具有重要的影响。在实际成形过程中,电弧沿着沉积轨迹移动,其热流是不对称的;受扫描速度影响,前端的加热面积要小于后端,熔池前后呈现不同的半椭球体形状[73-74]。因此,本节选择的热源模型为双椭球体热源,分为前后两个部分,如图 4.25 所示。

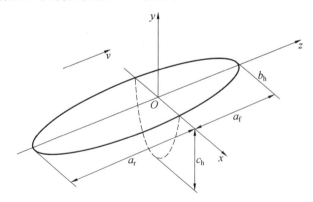

图4.25　双椭球体热源示意图

假设图 4.25 中热源的半轴分别为 a_f、a_r、b_h、c_h，前后两部分的热输入份额分别是 f_f 和 f_r，则前后半椭球体内的热流分布可相应表示为

$$q_f(x,y,z) = \frac{6\sqrt{3}\,(f_f Q)}{a_f b_h c_h \pi \sqrt{\pi}} \exp(-\frac{3x^2}{a_f^2} - \frac{3y^2}{b_h^2} - \frac{3z^2}{c_h^2}), \quad x \geqslant 0 \quad (4.21)$$

$$q_r(x,y,z) = \frac{6\sqrt{3}\,(f_r Q)}{a_r b_h c_h \pi \sqrt{\pi}} \exp(-\frac{3x^2}{a_r^2} - \frac{3y^2}{b_h^2} - \frac{3z^2}{c_h^2}), \quad x < 0 \quad (4.22)$$

$$f_r + f_f = 2 \quad (4.23)$$

$$Q = \eta U I \quad (4.24)$$

式中，η 为等离子电弧的热效率（m/s）；U 为等离子电源输出电压（V）；I 为等离子电源工作电流（A）。

在两种零件的熔覆再制造模拟过程中，双椭球热源的参数选择为：半宽 b_h 为 4 mm，前半部分长度为 3 mm，后半部分长度为 15 mm，深度为 5 mm，等离子电弧的热效率为 70%。在加载的过程中，采用小步长间歇跳跃的移动热源来模拟实际等离子弧热源的移动。采用单元生死技术按时间和路径顺序激活堆积层有限单元模拟材料的生长。

2. 有限元模型验证

采用红外热像仪监测了薄壁试样熔覆再制造过程中的温度场变化，验证了薄壁试样有限元模型的有效性，红外热像仪的测试温度为 200 ～ 2 000 ℃。成形试验采用优化后的工艺参数，连续堆积 10 层。从图 4.26

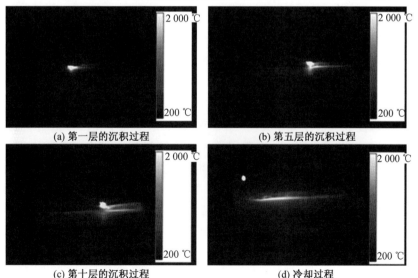

(a) 第一层的沉积过程　　　　　　(b) 第五层的沉积过程

(c) 第十层的沉积过程　　　　　　(d) 冷却过程

图4.26　红外测量温度场的演变规律

可观察到成形第一层、第五层、第十层以及冷却过程的热过程截图,可以看到,随着沉积层数的增加,基板的温度不断升高,而堆积到第十层时,由于连续的热输入以及散热速度的减慢,热量不断积累,沉积层材料以及基板均呈现较高的温度。

为了验证有限元模型计算温度场分布特征的准确性,观察实测温度场的演变规律,从模拟结果中提取出第一层和第十层中间点的热循环曲线。与实际测量的结果进行对比,如图 4.27 所示,实线为红外实际测量的值,虚线为有限元模拟计算的结果,发现模拟和实测的热循环曲线的变化趋势和峰值均比较接近,第一层的热循环曲线由若干个波峰和波谷组成,并且近似呈现周期性变化,第一层熔池的温度大约为 2 000 ℃,随着沉积过程的进行,波峰的值不断降低,这是由热源与第一层的距离逐渐增大所引起的,而波谷的温度值从几十摄氏度升高到 400 ℃,表明沉积层和基板的温度是不断升高的,到了第十层时,发现熔池的温度接近 2 300 ℃。

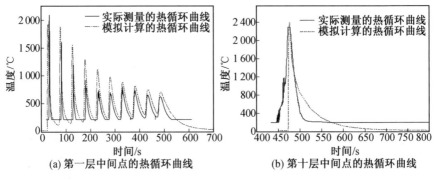

(a) 第一层中间点的热循环曲线　　(b) 第十层中间点的热循环曲线

图4.27　有限元模拟和试验测量的结果对比

3. 连续沉积的温度场分布特征

首先对连续沉积薄壁试样的温度场分布特征进行分析。薄壁试样堆积过程温度场的演变规律如图 4.28 所示,采用单元生死法模拟材料的堆积过程,随着热源的移动,堆积层单元被不断激活。其中,图 4.28(a) ～ (c) 分别为第一层、第五层、第十层堆积过程温度场的演变情况,由于 Inconel625 合金材料的熔点为 1 350 ℃,因此高于该温度的部分即为熔池。从图中可看到,热源沿着沉积路径移动,并且随后连续冷却,温度场在熔池后方形成了明显的尾拖。随着堆积高度的增加,熔池和基板的温度均不断升高,第一层熔池的温度为 1 835 ℃,第五层升高到 2 148 ℃,而到了第十层熔池温度达到了 2 355 ℃,熔池温度的不断升高也导致了熔池尺寸不断变大,同时也反映了在连续沉积过程中,热量是不断积累的。成形过

程中的热积累是由于热输入量与散热量不平衡,即在连续沉积过程中,热输入量一直大于散热量[75]。热量积累可描述为

$$\int_0^t h_c \,\mathrm{d}t = \int_0^t h_{in} \,\mathrm{d}t - \int_0^t h_1 \,\mathrm{d}t \qquad (4.25)$$

$$\int_0^t h_1 \,\mathrm{d}t = \int_0^t h_{con} \,\mathrm{d}t + \int_0^t h_{conv} \,\mathrm{d}t + \int_0^t h_r \,\mathrm{d}t \qquad (4.26)$$

式中,h_c 为沉积过程的热积累量;h_{in} 为热输入量;h_1 为散热量,散热的总量是热传导量 h_{con}、热对流量 h_{conv} 及热辐射量 h_r 的总和。

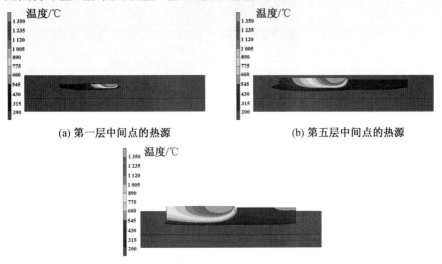

(a) 第一层中间点的热源　　　　　　　　(b) 第五层中间点的热源

(c) 第十层中间点的热源

图4.28　薄壁试样堆积过程温度场的演变规律

图 4.29 所示为不同层中间点的热循环曲线,图中虚线为 Inconel625 合金的熔点(1 350 ℃)。从图 4.29 可以看到,在试样堆积过程中,前一层对后一层预热,而后一层对前一层又再加热。对比三个点的热循环曲线,第一层经历的热循环最复杂,从波峰到波谷共经历了十次循环,前面三个波峰值高于熔点,说明在堆积第二层和第三层时,第一层中间点均被重熔,同时波峰的温度值不断降低。而对于第五层,有接近四个波峰值高于熔点,说明重熔深度不断增加;随着堆积层数的增加,波谷的温度值不断升高,并且在最初几层的升高速度较快,而后面几层较为缓慢,波谷温度的升高表明在后一层堆积过程中预热温度不断升高。

图 4.30 所示为不同层中间点的温度梯度变化。其中,图 4.30(a) 所示为沿着沉积高度方向(Y 方向)的熔池温度梯度变化,Y 方向的温度梯度从试件底部到顶部呈现递减趋势,第一层的熔池温度梯度为 4.2×10^5 ℃/m,

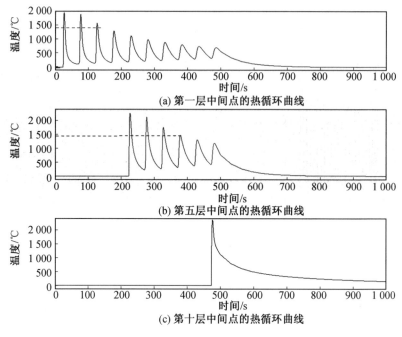

图4.29　不同层中间点的热循环曲线

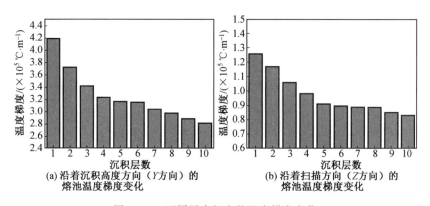

图4.30　不同层中间点的温度梯度变化

而第十层的熔池温度梯度降低为 2.8×10^5 ℃/m；图 4.30(b) 所示为沿着扫描方向（Z 方向）的熔池温度梯度变化，Z 方向的温度梯度从底部到顶部同样呈现递减趋势，第一层的熔池温度梯度为 1.258×10^5 ℃/m，而第十层的熔池温度梯度仅为 0.83×10^5 ℃/m。和 Y 方向的熔池温度梯度的变化规律相比，Z 方向的熔池温度梯度递减趋势较为缓慢，并且 Z 方向的熔池温度梯度约为 Y 方向的熔池温度梯度的1/3。

图 4.31 所示为不同层中间点的熔池冷却速率的变化规律,冷却速率可由下式计算:

$$\frac{\partial T}{\partial t} = \left| \frac{T_S - T_L}{t_S - t_L} \right| \tag{4.27}$$

式中,T_S 为 Inconel625 合金的凝固点;T_L 为 Inconel625 合金的熔点;t_S 为达到凝固状态的时间节点;t_L 为达到液相状态的时间节点。

结果表明,从试件底部到顶部熔池的冷却速率不断减慢,第一层的冷却速率大约为 330 ℃/s,而到第十层的冷却速率降至约为 122 ℃/s。

综上所述,在连续成形过程中,温度梯度和冷却速率的变化主要是由两方面引起的。一方面随着沉积高度的增加,熔覆层与基板和水冷铜板的距离变大,热传导作用减弱,热量散失缺乏充足的时间和有效的途径,仅依靠与空气的换流和辐射散热,使得熔池的散热条件变差,因此熔池的冷却速率逐渐减小。另一方面,在逐层沉积的过程中,前一层对后一层有预热的作用,因此预热温度越高,温度梯度越低。这两方面作用导致沉积过程中热量积累逐渐严重,而通过前面的组织分析可知,沉积态组织以柱状晶为主,并沿着沉积高度方向呈现外延的生长方式,这是由于 Y 方向具有更高的温度梯度。温度梯度和冷却速率作为控制组织的两个重要因素,这两个参数的逐渐变小势必改变枝晶组织的形态,使组织变得粗大,显微偏析加剧,析出有害相的尺寸变大,数量增多,最终引起连续沉积试样整体组织严重不均匀。

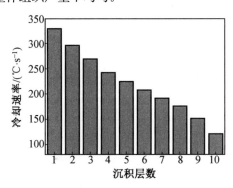

图4.31 不同层中间点的熔池冷却速率的变化规律

4.间隔冷却的温度场分布特征

与连续沉积相比,采用间隔冷却的方式改善组织的均匀性。为了研究间隔冷却对组织的影响机理,分析了间隔冷却条件下熔覆再制造温度场的分布特征。如图 4.32 和图 4.33 所示,间隔冷却时间为 30 s,观察间隔冷却条件下第一层、第五层和第十层的热源移动热过程和热循环曲线。与连续

(a) 第一层中间点的热源

(b) 第五层中间点的热源

(c) 第十层中间点的热源

图4.32　间隔冷却 30 s 条件下的温度场演变规律

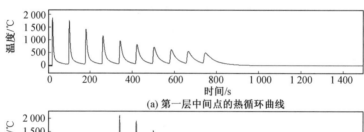

(a) 第一层中间点的热循环曲线

(b) 第五层中间点的热循环曲线

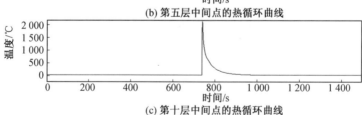

(c) 第十层中间点的热循环曲线

图4.33　间隔冷却 30 s 条件下的热循环曲线

沉积相比,不同层中间点的热循环曲线变化趋势是一致的,但随着堆积层数的增加,熔池的温度以及后续层沉积过程的预热温度均增加得较为缓慢,新一层沉积过程中的预热温度在 150 ℃ 以下,间隔冷却可以大大降低沉积过程中的热积累，从而使得在整个沉积过程中熔池的体积变化很小。

图 4.34 所示为间隔冷却条件下温度梯度的变化规律，可以发现，与连续沉积的温度梯度变化规律相似，随着沉积层数的增加，温度梯度值不断降低，第一层的 Y 方向的熔池温度梯度为 4.2×10^5 ℃/m，而第十层 Y 方向的熔池温度梯度为 3.184×10^5 ℃/m。但与连续沉积相比，同层的温度梯度明显提高。图 4.35 所示为间隔冷却条件下熔池冷却速率的变化规律，与连续沉积相比，冷却速率得到了明显的提高，第一层的冷却速率大约为331 ℃/s，而到第十层的冷却速率降至约 193 ℃/s。上述结果表明采用间隔冷却可以明显提高熔池凝固的温度梯度和冷却速率，这主要是因为采用间隔冷却时，在新一道焊道沉积时，前一层的温度较低（即预热温度较低），随着间隔冷却时间的延长，预热温度更低，甚至在新一道成形时，前一层是室温的状态，也就是说在对流和辐射换热条件不变的情况下，间隔冷却使得新一层冷却过程中，热传导作用得到了增强，因此熔池的温度梯度和冷却速率均得到了提高，特别是试样顶部，连续沉积导致了严重的热量积累，间隔冷却对其进行了有效的控制，从而改善了组织的均匀性。

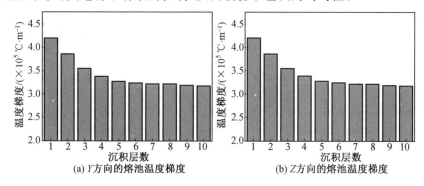

(a) Y方向的熔池温度梯度　　　　(b) Z方向的熔池温度梯度

图4.34　间隔冷却条件下温度梯度的变化规律

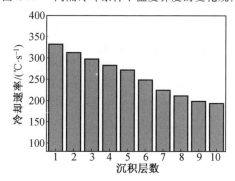

图4.35　间隔冷却条件下熔池冷却速率的变化规律

4.3.3　温度场分布特征对组织的影响机制

本小节将利用相关理论模型结合有限元计算结果进一步分析温度梯度和冷却速率对枝晶间距和元素偏析的影响。

1. 薄壁试样枝晶组织生长动力学

在薄壁试样枝晶组织生长过程中,底部到顶部温度梯度和冷却速率的变化使得成分过冷度发生改变,进而影响枝晶尖端液相中溶质元素的偏聚程度,最终导致了枝晶生长速度以及枝晶间距的变化。为了计算薄壁试样不同位置的枝晶间距,采用 KGT 模型[76-77]来描述二元合金的尖端生长速度与过冷度的关系,根据该模型可知枝晶尖端生长速度 v 满足以下关系式:

$$av^2 + bv + c = 0 \tag{4.28}$$

式中,a、b 和 c 可以表示为

$$a = \frac{\pi^2 \Gamma}{P_n^2 D^2} \tag{4.29}$$

$$b = \frac{mw(1-k)\zeta_s}{D[1-(1-k)Iv(P_n)]} \tag{4.30}$$

$$c = G \tag{4.31}$$

$$\zeta_s = 1 - \frac{2k}{[1+(2\pi/P_n)^2]^{1/2}-1+2k} \tag{4.32}$$

$$P_n = \frac{vR}{2D} \tag{4.33}$$

$$Iv(P_n) = 2P_n/(2P_n+1) \tag{4.34}$$

式(4.29)～(4.34)中,Γ 为 Gibbs−Thomson 常数;P_n 为枝晶尖端 Peclet 数;D 为溶质的液相扩散系数;m 为液相线斜率;w 为溶质元素的质量分数;k 为溶质元素的平衡分配系数;ζ_s 为 P_n 的函数,低生长速度时 ζ_s 约等于 1;$Iv(P_n)$ 为 P_n 的伊万卓夫函数;G 为温度梯度;R 为枝晶尖端半径。

另外,枝晶尖端生长速度 v 与焊接速度 v_0 满足 $v = v_0 \cdot \cos\theta$,其中 θ 为焊接速度和结晶生长速度的夹角。根据上述关系,在给定枝晶生长速度 v、温度梯度 G 和其他相关参数的情况下,可以利用 Kurz 和 Fisher 的枝晶模型计算出枝晶尖端的生长半径 R,而一次枝晶间隙 λ 可以由 R 表示,即

$$\lambda = \sqrt{\frac{3\Delta T' R}{G}} \tag{4.35}$$

式中,$\Delta T'$ 为非平衡凝固范围,即尖端温度和非平衡固相线温度的温度差。

上述 KGT 模型主要适用于二元系合金,而所研究的 Inconel625 合金是一种多元合金,质量分数较高的溶质元素(如 Cr、Mo、Nb、Al、Ti 等)均会对过冷度产生影响,因此应该采用合理的方法扩展二元合金枝晶生长动力学模型。根据 Yan 的方法[78],将 Inconel625 合金分解为六种镍基二元合金系列,包括 Ni—Cr、Ni—Mo、Ni—Nb、Ni—Fe、Ni—Ti 和 Ni—Al 合金,进而来确定计算所需要的参数值。首先通过试验测定以及相图分析确定各溶质元素的质量分数 w_i、溶质平衡分配系数 k_i 以及液相线斜率 m_i。如表 4.7 所示,Cr 元素的溶质分配系数大于 1,而 Mo、Nb、Al、Fe 和 Ti 元素的溶质分配系数小于 1,Nb 和 Fe 为强烈的偏析元素。

表 4.7　二元系列镍基合金溶质的成分、溶质平衡分配系数以及液相线斜率

元素	$w_i/\%$	溶质分配系数 k_i	液相线斜率 m_i
Cr	22.65	1.08	-2.2
Mo	8.73	0.77	-2.9
Nb	3.53	0.49	-5.5
Al	0.16	0.72	-5.1
Fe	0.32	0.42	-0.9
Ti	0.2	0.62	-11.8

然后采用等当量法[79-80]对 Inconel625 合金溶质参数进行处理,获得当量溶质质量分数 w、溶质平衡分配系数 k 以及液相线斜率 m 的计算表达式,即

$$w = \sum w_i \tag{4.36}$$

$$m = \sum m_i \frac{w_i}{w} \tag{4.37}$$

$$k = \sum \left(\frac{k_i m_i w_i}{m w} \right) \tag{4.38}$$

利用式(4.36)~(4.38)可以计算出当量溶质质量分数 w 为 35.59%,溶质平衡分配系数 k 为 0.87,以及液相线斜率 m 为 -2.75。焊接速度和结晶生长速度的夹角 θ 可以由下式[81] 计算:

$$\cos \theta = \left\{ 1 + A \left(\frac{q}{\delta \lambda T_M} \right)^2 \left(\frac{L_y^2}{1 - L_y^2} \right) \right\}^{-1/2} \tag{4.39}$$

式中,A 为常数,$A = 0.043\ 217$;q 为热源的有效功率(J/s);δ 为板厚(m);T_M 为 Inconel625 合金熔点(℃);λ 为导热系数[W/(m·℃)];L_y 为熔池半宽(m)。

在连续成形过程中,由于冷却速率的变化、热量的积累和熔池的形态逐渐发生变化,L_y 的变化则导致 θ 在 25°~85° 变化,因此枝晶生长速度在

$0.3 \times 10^{-3} \sim 3 \times 10^{-3}$ 变化,同理间隔冷却沉积的枝晶生长速度在 $0.5 \times 10^{-3} \sim 3 \times 10^{-3}$ 变化。而随着沉积高度的增加,枝晶生长速度不断降低,具体见表 4.8。试样不同位置的枝晶间距所需要的温度梯度 G 由模拟结果给出,最终针对连续沉积和间隔冷却两种试样的枝晶间距的计算结果见表 4.8。结果表明,随着枝晶生长速度和温度梯度的降低,枝晶尖端半径 R 不断增加,而枝晶间距也随之增大(接近 $2R \sim 3R$),通过对比发现,枝晶间距的计算值与实测值比较接近,证实了上述计算模型和有限元模型的合理性。而存在误差的原因有两个方面:① 将多元合金分解,利用等当量法计算多元系合金的相关参数与实际参数存在误差;② 在枝晶间隙计算过程中采用的生长速度和温度梯度值均来自于有限元模拟的结果,而非实际测量结果。

表 4.8 枝晶间距计算结果和实测的对比

试样	位置	生长速度 v /(m·s^{-1})	温度梯度 G /(×10^5 K·m^{-1})	尖端半径 R /μm	λ 实测值 /μm	λ 计算值 /μm
连续 沉积	第一层	3×10^{-3}	4.19	6.4	15.5	18.6
	第五层	0.5×10^{-3}	3.17	14.8	30	32.4
	第十层	0.3×10^{-3}	2.82	19.5	38	39.2
间隔 冷却	第一层	3×10^{-3}	4.19	6.4	15	18.6
	第五层	1×10^{-3}	3.55	11.9	22.5	27.4
	第十层	0.5×10^{-3}	3.1	14.6	28	32.6

由于本研究中枝晶生长速度在 $10^{-3} \sim 10^{-4}$ 变化,属于低速生长,通过将 KGT 模型计算公式简化,枝晶生长速度和枝晶尖端半径之间满足式 (4.40),因此它们之间的关系如图 4.36 所示,根据生长速度的计算结果,从而可以计算出枝晶尖端生长半径,与未简化模型的计算结果相差不大。而两个模型最大的差别是简化模型除去了温度梯度的作用,直接体现的是枝晶生长速度和枝晶尖端半径的关系,结果在很大程度上说明了枝晶生长过程中成分过冷比热过冷的作用更大,也就是结晶速率(即冷却速率)比温度梯度对枝晶尖端生长半径的影响更大,但本研究中对于温度梯度变化的体现也使得计算结果更加准确。

$$vR^2 = \frac{4\pi^2 D_L \Gamma}{k \Delta T_0} \tag{4.40}$$

$$\Delta T_0 = \frac{mw_0(k-1)}{k} \tag{4.41}$$

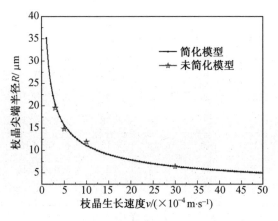

图4.36 枝晶生长速度和枝晶尖端半径的关系

2. 冷却速率对 Nb 偏析行为的影响

凝固过程中 Nb 元素的偏析导致了大量的 Laves 相在枝晶间析出,而冷却速率的变化严重影响了 Nb 的偏析程度。熔覆再制造的凝固过程是一个非平衡凝固过程,在枝晶生长条件下,由于溶质扩散距离和一次枝晶间距较为接近,而溶质元素的固相反扩散将严重影响其偏析行为。因此为了研究不同冷却速率条件下液相中 Nb 的偏析行为,采用 Clyne－Kurz 公式来计算熔覆再制造非平衡条件下的溶质再分配[82-83],即

$$w_{\mathrm{L}} = w_0 \left[1 - (1 - 2\Omega k) w_{\mathrm{s}}\right]^{(k-1)(1-2\Omega k)} \qquad (4.42)$$

式中,w_{L} 为液相溶质质量分数;w_0 为溶质初始质量分数;k 为溶质元素的分配系数;w_{s} 为固相的质量分数;Ω 为傅立叶(Fourier)函数。

Fourier 函数 Ω 与扩散距离的平方成反比关系,而与扩散系数和凝固时间成正比关系,它的大小决定了固相反扩散程度,具体表达式为

$$\Omega(\beta) = \beta\left[1 - \exp\left(-\frac{1}{2\beta}\right)\right] - \frac{1}{2}\exp\left(-\frac{1}{2\beta}\right) \qquad (4.43)$$

$$\beta = \frac{D_{\mathrm{s}}t}{\lambda^2} \qquad (4.44)$$

式中,D_{s} 为溶质的固相扩散系数;t 为凝固时间;λ 为枝晶间距。

通过式(4.42)、式(4.43)及式(4.44),可以计算出不同冷却速率条件下 Nb 在液相的溶质浓度,计算所需要的参数值见表 4.9,其中冷却速率主要根据有限元模拟的结果获得,而 Nb 在 Ni 中的固相扩散系数为 1.3×10^{-13} m^2/s。

表 4.9　不同冷却速率下 Nb 偏析量的计算参数

试样	冷却速率 /(℃ · s⁻¹)	Nb 分配 系数 k	凝固时间 t/s	枝晶间距 $\lambda/\mu m$	β	Ω
连续沉积	−331	0.48	0.18	15.5	9.73×10^{-5}	9.7×10^{-5}
	−225	0.38	0.26	30	3.752×10^{-5}	3.75×10^{-5}
	−102	0.29	0.58	38	4.273×10^{-5}	4.271×10^{-5}
间隔沉积	−331	0.49	0.18	15	9.73×10^{-5}	9.7×10^{-5}
	−272	0.44	0.22	22.5	5.649×10^{-5}	5.647×10^{-5}
	−193	0.35	0.31	28	5.142×10^{-5}	5.14×10^{-5}

对连续沉积和间隔冷却沉积试样中 Nb 的偏析量(质量分数)进行计算,如图 4.37 所示,从图中可以看到,在凝固开始阶段,不同冷却速率条件

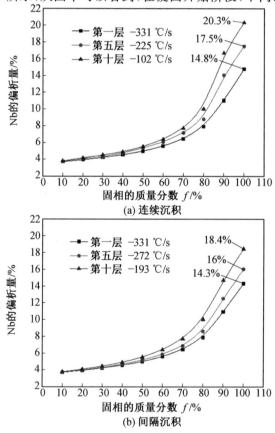

(a) 连续沉积

(b) 间隔沉积

图4.37　两种试样在不同冷却速率条件下 Nb 的偏析量

下液相中 Nb 的偏析量较为接近,而随着凝固过程的进行,Nb 的偏析量逐渐增加,而冷却速率的影响也逐渐变大。以连续沉积试样为例,第一层的冷却速率为−331 ℃/s,最终的 Nb 的偏析量为 14.8%,而第十层的冷却速率最慢,Nb 的偏析量最大为 20.3%。间隔冷却试样中 Nb 的偏析规律与连续沉积相似,仅在数值上低于后者。上述结果表明在凝固开始阶段发生 L→L+γ 反应,Nb 元素开始向基体中固溶,随着凝固过程的进行,Nb 在液相中逐渐富集,促进了 L→L+γ+MC 反应的发生,到凝固结束阶段,残余液相中 Nb 元素的偏析量达到最大值,直到 L→γ+Laves 反应发生,Nb 元素完全被消耗。随着冷却速率的提高,更多的 Nb 固溶到基体中,而残余液相中 Nb 的偏析量减少,析出的 Laves 相尺寸小、数量少。Nb 在残余液相中的偏析量也反映了 Laves 相中 Nb 的占有量,为了验证计算的结果,对两种试样中 Laves 相的 Nb 质量分数进行了测试,如图 4.38 所示,发现计算结果和测试结果基本一致,同样反映了间隔冷却沉积比连续沉积具有更少

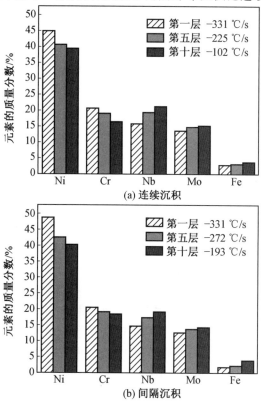

图4.38　两种试样中 Laves 相的 Nb 偏析量

量的 Nb 偏析量,沿着沉积高度方向,随着冷却速率的降低,Nb 的偏析量逐渐增加。

4.3.4　沉积方式对薄壁零件力学性能的影响

图 4.39 所示为两种沉积方式条件下薄壁试样沿着高度方向上的显微硬度变化,结果表明连续沉积方式下得到的显微硬度值为 HV260 ~ 294,从试样底部到顶部显微硬度沿着沉积高度方向呈现明显减小的趋势;而对于间隔沉积方式,从试样底部到顶部的显微硬度值为 HV285 ~ 304.5,沿着高度方向显微硬度的变化不明显。在底部两种试样的显微硬度是接近的,而在试样的中部和顶部,间隔沉积方式下得到的显微硬度值明显高于连续沉积方式下得到的显微硬度值,因此间隔沉积方式明显提高了试样整体显微硬度的均匀性。

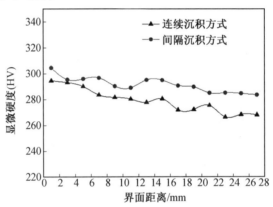

图4.39　两种沉积方式条件下薄壁试样沿着高度方向上的显微硬度变化

将两种沉积方式的薄壁试样沿着沉积高度方向和扫描方向切割成拉伸试样,载荷方向分别沿着这两个方向,得到的拉伸曲线如图 4.40 所示,具体的抗拉强度、屈服强度及延伸率的测试结果见表 4.10。结果表明,沿着扫描方向,连续沉积试样的抗拉强度为 745 MPa,屈服强度为 485 MPa,延伸率为 45%;而间隔沉积下得到的沉积试样具有更优异的拉伸性能,其抗拉强度为 782 MPa,屈服强度为 493 MPa,延伸率为 48%。而在同种沉积方式条件下,沿着沉积高度方向试样的拉伸性能较沿着扫描方向试样的拉伸性能差,特别是对于连续沉积方式,相差更大,体现了熔覆再制造薄壁试样性能各向异性的特点。另外,同其他工艺相比,等离子弧熔覆再制造试样的抗拉强度要略低于激光熔覆再制造试样的抗拉强度,而延伸率和屈服强度与后者相当,但其抗拉强度与锻造得到的试样的抗拉强度相比还有一定差距。

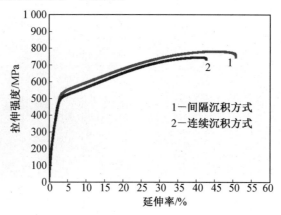

图4.40　扫描方向上两种试样拉伸曲线对比

表 4.10　不同工艺条件下成形试样的拉伸性能对比

工艺		抗伸强度 /MPa	屈服强度 /MPa	延伸率 /%
锻造[84]		855	490	50
激光熔覆再制造[85]		797	485	48
间隔沉积	扫描方向	782	493	48
	高度方向	767	491	50
连续沉积	扫描方向	745	485	45
	高度方向	722	481	48

　　图 4.41 所示为两种沉积方式下试样沿着扫描方向的断裂形貌。其中,图 4.41(a) 和(b) 所示为连续沉积的拉伸试样的断口形貌,可以观察到,断口呈现沿着列状枝晶排列方向明显的粗大韧窝形貌,断裂呈现韧性穿晶断裂方式,高倍的断口形貌显示韧窝中含有大量的颗粒,应该为枝晶间隙析出的 Laves 相及 MC 颗粒。间隔沉积的拉伸试样的断口形貌如图 4.41(c) 和(d) 所示,断口呈现明显的韧窝形貌,断裂方式为韧性断裂,与连续沉积相比,韧窝更加均匀、细小,体现了较为优异的延展性,而且高倍下观察到韧窝中含有少量细小的 Laves 相和 MC 颗粒。上述观察结果表明无论是连续沉积试样还是间隔沉积试样,断裂的主要原因是脆性 Laves 相在枝晶间大量存在,为微孔的产生、裂纹的产生和扩展提供了有利的条件,因此 Laves 相是引起试样断裂的主要原因。

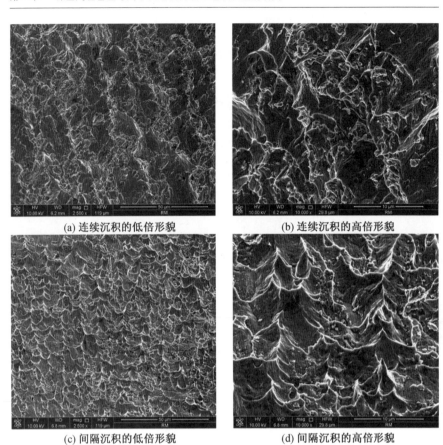

(a) 连续沉积的低倍形貌　　　　　　(b) 连续沉积的高倍形貌

(c) 间隔沉积的低倍形貌　　　　　　(d) 间隔沉积的高倍形貌

图4.41　两种沉积方式下试样沿着扫描方向的断裂形貌

4.3.5　薄壁试样力学性能的影响因素

通过对等离子弧熔覆再制造 Inconel625 合金薄壁试样力学性能进行测试,结果表明不同的成形工艺所获得的力学性能具有较大差别,通常力学性能的优劣主要取决于不同工艺下薄壁试样的组织特征,而组织的生长机制和演变规律又是由成形过程的温度场分布特征所决定的,因此影响力学性能的根本因素是熔池凝固过程的温度梯度和冷却速率,而直接因素是组织的特征,主要包括枝晶的形态,枝晶间隙的大小,合金元素的偏析,析出相的种类、尺寸及分布特征等。

本小节主要采取了连续沉积和间隔沉积两种成形方式对薄壁试样进行制备。首先在连续沉积下,实测和模拟获得的温度场分布特征结果显示,随着堆积层数的增加,散热条件逐渐变差,热量不断积累,熔池的温度梯度和冷却速率逐渐降低,从而使得试样底部到顶部组织严重不均匀,底部为细小的胞状枝晶,枝晶间隙较小,并且 Nb 等合金元素偏析较弱,析出相 Laves 相和 MC 颗粒尺寸小、数量少,而顶部组织为粗大的胞状枝晶,枝晶间隙增大了几倍,同时 Nb 的严重偏析导致了粗大的 Laves 相和 MC 颗粒在枝晶间隙析出。上述组织的不均匀性导致了底部的显微硬度明显高于顶部的显微硬度,而且使得拉伸性能较差,从拉伸断口形貌可以看出,断裂主要发生在列状枝晶间隙,这是由于 Laves 相以竹叶状连续在大的枝晶间隙析出。

而对于间隔冷却沉积方式,温度场分布特征结果表明,良好的散热条件和充足的散热时间使得熔池的温度梯度和冷却速率在底部和顶部差别不大,特别是中上部几乎相同,该沉积方式明显降低了热积累,抑制了组织的过热,进而使得试样整体组织均匀性提高,其中包括枝晶间隙、Nb 元素的偏析以及 Laves 相的大小等。硬度的测试结果证实了间隔冷却方式明显提高了力学性能的均匀性,而拉伸断口形貌显示,细小致密的枝晶组织以及弥散分布的 Laves 相促使断口呈现大量细小均匀的韧窝特征,进而获得更加优异的拉伸性能。

综上所述,对于 Inconel625 合金薄壁零件的等离子弧熔覆再制造,降低热量积累和提高冷却速率是优化零件组织和性能的关键。

4.4 热处理对 Inconel625 合金熔覆再制造零件组织及性能的影响

4.4.1 直接时效热处理对组织的影响

利用优化的工艺参数和间隔冷却沉积方式对薄壁和块体试样进行熔覆再制造,对成形试样首先进行直接时效处理,具体工艺为:先加热到 720 ℃,保温 8 h,随炉冷却到 620 ℃,保温 8 h,空冷至室温。对直接时效处理后的组织进行分析,结果发现在宏观上直接时效处理并没有使组织发生明显的变化。利用透射电子显微镜分析手段对组织做进一步分析,如图 4.42 所示,可以观察到在 γ 基体中析出了两种细小的颗粒相,如图 4.42(a) 和(b) 所示,一种形状为圆形,尺寸较小,数量也较少;另一种为椭圆形,尺寸略大,数量较多。如图 4.42(c) 所示,经过衍射斑点标定证实尺寸较小的为 γ' 相,而另一种为 γ'' 相。从分布特征来看,γ' 和 γ'' 相主要在晶界和位错附近优先析出,同时可以观察到链状 NbC 在晶界处连续析出,从而消耗掉了附近区域大量的 Nb 元素,因此在晶界附近出现了明显的贫 γ'' 区。同时可以观察到,这两种强化相在 γ 基体中呈现不均匀的析出特征,之所以优先在这两个区域析出,是因为 Nb 元素倾向于在这些区域富集,同时在晶界和位错附近空位浓度高,均促进了 γ' 和 γ'' 相的形核和长大[86]。由于材料本身含 Al 和 Ti 元素较少,因此 γ' 的析出量相对较少,而 γ'' 相作为 Inconel625 合金的主要强化相,它属于时效动力学的惰性相,它的大量析出有利于提高沉积材料的力学性能。

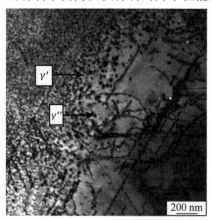

(a) 位错附近的 γ' 和 γ'' 相

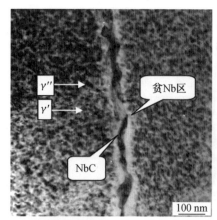

(b) 晶界附近的 γ' 和 γ'' 相

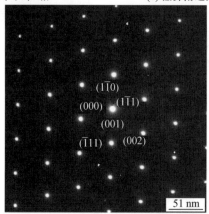

(c) γ' 和 γ'' 相复合衍射斑点

图4.42　γ' 和 γ'' 相的透射电子显微镜明场照片及衍射斑点

综上所述,直接时效热处理并未使成形组织产生较大的改变,特别是没有消除元素的偏析以及控制 Laves 相,只是在微观上促进了强化相 γ' 和 γ'' 的析出,这主要是由于 Laves 相的溶解需要更高的温度。为了进一步改善成形试样组织,应采取更有效的热处理工艺。

4.4.2 固溶时效热处理对组织的影响

本小节研究了固溶时效热处理工艺对成形试样组织的影响,具体工艺为:将成形试样加热到 850 ℃(980 ℃),保温 1 h(2 h);随炉冷却到 720 ℃,保温 8 h;随炉冷却到 620 ℃,保温 8 h;空冷至室温。分析了薄壁试样和块体试样固溶时效处理后的组织特征,同时分析了固溶温度和保温时间对试样组织的影响规律。

图 4.43 所示为经过 850 ℃/1 h 固溶时效处理的组织形貌。其中图4.43(a)所示为金相组织,可以发现析出相的形态发生了明显变化。微观组织形貌如图4.43(b)~(d)所示,Laves 相已经少量溶解,大量的 Nb、Mo 元素被释放到基体

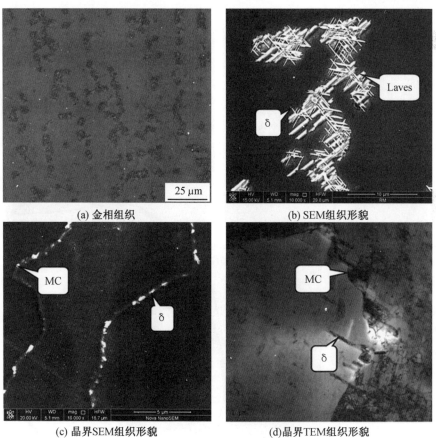

(a) 金相组织   (b) SEM组织形貌

(c) 晶界SEM组织形貌   (d)晶界TEM组织形貌

图4.43 经过 850 ℃/1 h 固溶时效处理的组织形貌

中,从而导致了针状 δ 相在 Laves 相附近析出,长度为 5 ~ 10 μm,而在晶界处 δ 相以两种形态析出,一种为沿着晶界析出的短棒状,另一种由晶界沿着一定角度向晶内生长,尺寸略长。在该热处理工艺条件下,Laves 相的溶解不完全,大量残余的 Laves 相呈现短棒状形态。二次 δ 相的析出主要依靠 Laves 相溶解释放的 Nb 元素,作为一种稳定相,它的析出温度为 850 ~ 995 ℃,同样占据了一定量的 Nb 元素,一般质量分数为 6% ~ 8%,而 Laves 相则占有更多的 Nb 元素[87]。因此 δ 相的析出削弱了 Nb 元素的偏析,使基体得到了强化。已有的研究结果发现晶内析出的 δ 相由于与基体不是共格关系,因此强化作用不明显,但晶界处析出的 δ 相有利于抑制晶界的滑移和提高晶界强度,同时 δ 相的析出特征对合金缺口敏感性有重要的影响,适量的 δ 相有利于控制合金的晶粒度,提高合金的塑性[88]。

图 4.44 所示为经过 980 ℃/1 h 固溶时效处理的组织形貌。与 850 ℃

(a) SEM组织形貌

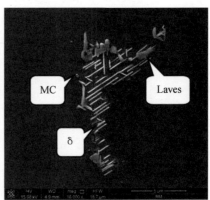
(b) 晶内组织的微观形貌

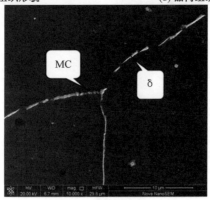
(c) 晶界组织形貌

图4.44　经过 980 ℃/1 h 固溶时效处理的组织形貌

固溶时效处理相比,组织的形貌特征发生了进一步的改变,如图 4.44(a)所示,枝晶间隙的析出相数量大幅减少。图 4.44(b)所示为晶内组织的微观形貌,可以发现 Laves 相的溶解量明显增加,仅剩余少量与 δ 相粘连,同时针状的 δ 相变得更加细小,长度为 $2 \sim 5 \ \mu m$。图 4.44(c)所示为晶界处的组织形貌,主要析出了少量的 MC 颗粒和 δ 相。上述结果说明了固溶温度的升高使脆性的 Laves 相溶解加剧以及 Nb 的偏析进一步减弱。

图 4.45 所示为经过 980 ℃/2 h 固溶时效处理的组织形貌。与 980 ℃/1 h 固溶时效处理相比,枝晶间隙的析出相变成了细小的颗粒,同时在晶界处有连续分布的相析出,如图 4.45(a)所示。图 4.45(b)所示为晶内的高倍 SEM 组织形貌,可知大量的 Laves 相发生了进一步溶解,同时 δ 相也发生进一步细化,从针状变成了细小的颗粒,这说明了固溶处理时间

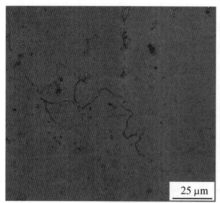

(a) 金相组织

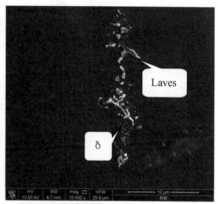

(b) 晶内的高倍SEM组织形貌

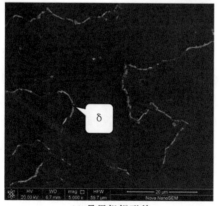

(c) 晶界组织形貌

图4.45　经过 980 ℃/2 h 固溶时效处理的组织形貌

的延长很大程度地削弱了 Nb 的偏析以及减少了脆性的 Laves 相的数量。

综上所述,与直接时效处理相比,固溶时效处理使得成形试样组织发生了明显变化,Laves 相大量溶解,Nb 元素被释放形成了二次 δ 相,元素偏析被减弱,随着固溶温度的升高,Laves 相的溶解量增加,δ 相由粗大的针状形态转变成细小的针状,数量变少。而随着保温时间的延长,Laves 相发生了进一步的溶解,δ 相进一步被细化,变成细小的颗粒。这说明固溶温度的升高以及保温时间的延长能够更好地控制元素偏析,同时促使更多的 Laves 相溶解和 δ 相的进一步细化,使得更多的 Nb 元素被释放到 γ 基体中。

4.4.3　热处理条件下组织中相的转变机制

1. Laves 相的溶解机制

从前面的观察可知,Laves 相在热处理过程中发生溶解,由最初的块状相转变成短棒状和颗粒状。Laves 相的溶解可以分为三个环节,即 Laves 相的分解、Nb 等合金元素及 Ni 原子由相界面 Laves 相一侧向 γ 基体一侧的短程扩散以及在固溶体中的长程扩散[89-90]。其中,前面两个环节为界面反应控制过程,该过程中越过 Laves 相和 γ 固溶体的相界面的原子流量 J_N 取决于原子的界面迁移率 M 和原子迁移的驱动力 $\Delta\mu_N$,即

$$J_N \propto M\Delta\mu_N \tag{4.45}$$

另一过程为扩散控制过程,即原子由相界面向 γ 固溶体的长程扩散过程,该过程的原子流量为 J_N',由原子扩散系数 D 和原子在相界面 γ 固溶体一侧的温度梯度决定,即

$$J_N' \propto D(\partial c_N/\partial x) \tag{4.46}$$

$$D = D_0 \exp(-Q/RT) \tag{4.47}$$

式中,c_N 为在时间 t 时刻基体内距离相界面为 x 处原子浓度的增量;D_0 为振动因子;Q 为表观激活能;R 为气体常数;T 为热处理温度。Laves 相的溶解动力学过程主要受界面反应和溶质原子的扩散过程这两个过程控制。在热处理过程中,Laves 相分解释放 Nb 原子,而 Nb 原子将由相界面向 γ 基体一侧短程扩散,并参与发生 δ 相的析出反应,因此整个界面反应过程的原子迁移驱动力 $\Delta\mu_N$ 较大,反应速率较快。而对于长程扩散过程,溶质原子(特别是 Nb)在合金中的扩散很慢,这是因为原子进行扩散时不论是按间隙、交换还是空位等机制进行,均需克服一定的能垒才能实现原子从一个平衡位置到另一个平衡位置的跃迁,Nb 更是因为其原子直径比 Ni 和 Fe 大很多,因此扩散过程更难,Laves 相的溶解过程主要由溶质原子的扩散过

程控制,同时扩散过程主要受浓度梯度以及热处理温度和时间的影响[91]。通过定量金相分析方式测得不同状态下薄壁试样和块体试样中 Laves 相的体积分数,见表 4.11。

表 4.11　不同条件下两种试样中 Laves 相的体积分数　　　　%

试样类型	沉积态	热处理态			
		850 ℃×1 h	980 ℃×1 h	980 ℃×2 h	1 080 ℃×1 h
薄壁	2.6	1.9	1.1	0.9	0.3
块体	3.1	2.4	1.4	1.1	0.5

从表 4.11 可以看到,随着热处理温度和保温时间的增加,Laves 相的体积分数逐渐变小,与保温时间相比,热处理温度对 Laves 相的溶解过程影响更大,这主要是由于热处理温度的升高为原子扩散提供了更多的能量,同时扩散系数的增加和溶质原子在基体中饱和固溶度的增加均有利于加快 Laves 相的溶解速度。

2.δ 相的析出机制

通过对不同热处理工艺下的组织特征进行表征,发现热处理主要导致了 Laves 相的溶解,针状 δ 相在晶内和晶界析出,δ 相比 Laves 相虽然消耗了相对少的 Nb 元素,但大量 δ 相的析出仍然会导致强化相 γ''(Ni_3Nb) 的数量减少,因此有必要研究在热处理过程中 δ 相的析出机制以便于控制其数量和分布。通常 δ 相的析出主要由 Nb 元素的偏析程度以及扩散过程决定,同时受热处理温度及时间的影响,它的析出机制也会发生改变。

前面的观察结果表明,直接时效处理由于温度较低并未析出 δ 相,而在固溶时效处理过程中,晶内和晶界处 δ 相的析出机制是不同的。δ 相在晶内的生长机制示意图如图 4.46 所示,当固溶温度较低(低于 900 ℃)时,δ 相的析出过程主要由 γ''→δ 转变控制,首先 Laves 相发生溶解,释放大量 Nb 元素,从而析出大量 γ'' 相,而由于 γ'' 相是一种亚稳态相,随着固溶处理的进行,δ 相将在 γ'' 相的层错上形核长大形成颗粒,颗粒之间相互连接最终形成针状 δ 相,在该析出机制下,溶解的 Nb 元素固溶到 γ 基体中的数量较少,因此析出的 δ 相数量较多。而当固溶温度较高(980 ℃)时,更多的 Laves 相发生溶解,释放的 Nb 元素增加,但 Nb 元素将首先向 γ 基体固溶并发生扩散,δ 相的析出将直接在晶内形核,这就需要克服很大的能量壁垒,因此 δ 相的尺寸变小、数量变少。随着保温时间的延长,δ 相将发生回溶,最终形成颗粒状的 δ 相。

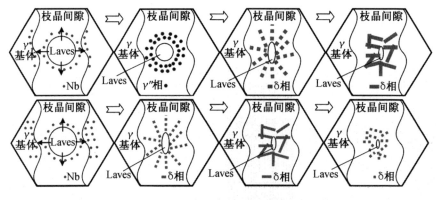

图4.46　δ相在晶内的生长机制示意图

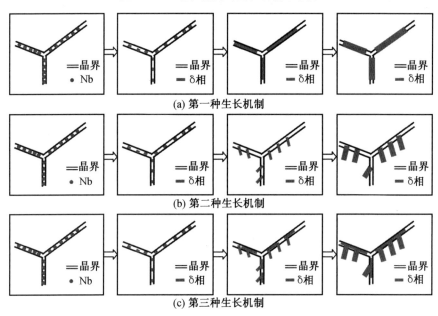

图4.47　δ相在晶界处的生长机制示意图

δ相在晶界处的生长机制示意图如图 4.47 所示,主要有三种生长机制:第一种为沿着晶界生长,过程首先开始于 Laves 相溶解,释放 Nb 元素,在一定的热处理温度和时间条件下,Nb 元素发生固溶扩散,倾向于在空位浓度较高的晶界处聚集,从而为 δ 相的析出提供了良好的热力学和动力学条件,随着热处理温度升高和保温时间的延长,δ 相由颗粒状长大成针状,并逐渐相连成线,长针状逐渐变粗最终呈现长棒状在晶界析出;第二种为由晶界向晶内生长,同理短棒状 δ 相在晶界形核、长大,晶界附近的 Nb 元素成分起伏,使得 δ 相向晶内生长,但是不佳的热力学和动力学条件[92-93],使得生成的 δ 相尺寸较短;第三种为上述两种机制的综合生长方式,即随着固溶温度的升高和保温时间的延长,δ 相同时沿着晶界以及由晶界向晶内生长,最终呈现长针状连续沿着晶界析出,并呈现短棒状由晶界向晶内生长。

均匀化热处理的组织晶内 δ 相的质量分数较少,在晶界处大量 δ 相以上述生长方式连续析出。这主要是由于均匀化促使 Nb 元素的偏析消除,而且均匀化温度已经超过 δ 相的析出温度范围,后续的固溶处理过程中 δ 相在晶内直接形核,所需克服的能量壁垒很大,相比之下,均匀化导致的孪晶晶界为 δ 相的析出提供了优越的形核条件,因此可以观察到大量的 δ 相在晶界处析出。

另外,在热处理过程中,δ 相在薄壁试样和块体试样中的析出数量、生长特征也是截然不同的。在相同热处理工艺条件下,薄壁试样热处理态组织中 δ 相数量更多,并且倾向于以第一种生长方式在晶界析出,而对于块体试样,δ 相主要以第三种生长方式析出。这是因为 δ 相的析出与沉积态组织中 Nb 的偏析程度有关,与薄壁试样相比,块体试样中的 Nb 在枝晶间隙的偏析程度更大,Laves 相中 Nb 的质量分数也更高,随着热处理过程的进行,更多的 Nb 元素被释放并促使更多数量的 δ 相析出,两种试样中 δ 相在晶界处析出机制的不同也是源于此。

4.4.4　热处理工艺对力学性能的影响

1. 室温力学性能

图 4.48 所示为不同条件下成形薄壁试样和块体试样的显微硬度测试结果。从图 4.48 可以看出,在各种条件下薄壁试样的显微硬度均高于块体试样的显微硬度,以薄壁试样为例,沉积态的硬度为 HV290,直接时效处理获得的显微硬度为 HV335,而固溶时效处理获得的显微硬度最高达到 HV357,采用均匀化热处理反而降低了沉积材料的显微硬度,块体试样显微硬度的测试结果与此类似。

图 4.49 所示为不同热处理工艺条件下块体试样的拉伸曲线,具体的拉伸性能测试结果见表 4.12,结果表明,在各种工艺条件下,薄壁试样的抗拉强度和屈服强度均高于块体试样的相关值,而延伸率则低于后者。以薄壁试样为例,与沉积态测试结果相比,直接时效处理使得材料的抗拉强度得到了显著的提高(约 7%),屈服强度提高了约 2%,而延伸率下降了约 27%。固溶时效处理较直接时效处理对拉伸性能的改善具有更好的效果,

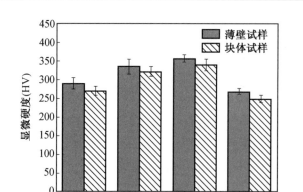

图4.48　不同条件下两种试样的显微硬度测试结果

抗拉强度较沉积态提高了约 9.5%,屈服强度提高了约 6.4%,而延伸率仅降低了约10.4%。与前两种热处理工艺相比,均匀化固溶时效处理使材料的拉伸性能发生了下降,抗拉强度降低了约 3.5%,屈服强度降低了约 7%,延伸率下降了约 12.5%。上述测量结果与锻造得到的试样的拉伸性能比较发现,固溶时效处理得到的试样抗拉强度达到了锻造处理后的水平,而其屈服强度略高,但其延伸率略低,直接时效处理的试样抗拉强度和屈服强度接近锻造处理后的相关值,但延伸率则较低。因此无论是薄壁试样还是块体试样,980 ℃/2 h 的固溶时效处理使得拉伸性能得到了较好的改善。

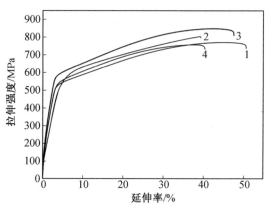

图4.49　不同热处理工艺条件下试样的拉伸曲线
1— 沉积态;2— 直接时效;3— 固溶时效;4— 均匀化固溶时效

表 4.12 不同工艺条件下成形试样拉伸性能的测试结果

工艺条件	试样类型	拉伸性能		
		抗拉强度 /MPa	延伸率 /%	屈服强度 /MPa
沉积态	薄壁	782	48	493
	块体	771	50	480
直接时效	薄壁	841	35	505
	块体	833	38	495
固溶时效	薄壁	857	43	525
	块体	851	44	515
均匀化固溶时效	薄壁	754	42	477
	块体	732	40	489
锻造[8]	—	855	50	490

　　图 4.50 所示为各种热处理工艺下拉伸试样的断口形貌,其中图 4.50(a) 所示为直接时效处理的拉伸试样的断口形貌,可以看到断口呈现明显的韧窝形貌,断裂方式为穿晶韧性断裂,在断口处发现少量微裂纹,这是试样塑性严重下降的主要原因;图 4.50(b) 所示为固溶时效处理的拉伸试样的断口形貌,与直接时效处理相比,断口呈现更加细小的韧窝形貌,并未发现微裂纹,因此试样具有良好的塑性,另外大量白色颗粒出现在韧窝中,经分析应该是 δ 相和细小的 MC 颗粒;图 4.50(c) 所示为均匀化固溶时效处理的拉伸试样的断口形貌,同前两种热处理工艺相比,其断口形貌截然不同,断口较为平整,分析断裂主要发生在晶界处,具有较差的力学性能。三种热处理工艺下断口形貌的特征进一步验证了固溶时效处理比其他两种工艺能更大程度地改善成形材料的力学性能。

2. 高温拉伸性能

　　通过室温力学性能的测试,表明了 980 ℃/2 h 的固溶时效处理在三种热处理工艺中是最佳的,由于 Inconel625 合金作为一种高温合金,其服役条件要求其在高温条件下仍然保持良好的力学性能,因此对沉积态和固溶时效处理的两种试样的高温拉伸性能进行测试,测试的温度为 650 ℃ ,如图 4.51 所示。由图 4.51 可以看到,固溶时效处理后试样的高温拉伸强度

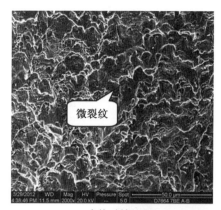
(a) 直接时效处理

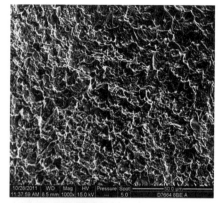
(b) 固溶时效处理

(c) 均匀化固溶时效处理

图4.50 各种热处理工艺下拉伸试样的断口形貌

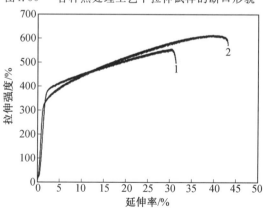

图4.51 不同热处理条件下试样在 650 ℃ 的拉伸曲线对比

1— 沉积态;2— 固溶时效处理

和延伸率均高于沉积态试样的相关值,而屈服强度却略低。最终的测试结果见表4.13,沉积态处理后试样的高温抗拉强度较室温时下降了约28%,而屈服强度下降了约22%,延伸率下降了约36%,说明在高温下材料的拉伸性能较室温时有一定的下降,与固溶时效处理后试样的拉伸性能的变化规律相似,只是屈服强度同室温相比下降得较为明显,但仍然保证了良好的延展性。

表 4.13 不同状态下试样在 650 ℃ 时的高温拉伸性能

试样状态	高温拉伸性能			
	抗拉强度 /MPa	屈服强度 /MPa	延伸率 /%	断面收缩率 /%
沉积态	555	370	32	33
固溶时效处理	620	319	42	37.5

3. 热处理态组织对力学性能的影响机理

上述测试结果表明不同热处理方式对控制力学性能具有不同的效果,这主要是由不同热处理条件下的组织特征决定的,具体包括 γ' 相和 γ'' 相的析出量、Laves 相的溶解量以及 δ 相在晶内和晶界的析出量。直接时效促进了 γ' 相和 γ'' 相的析出,因此显微硬度、抗拉强度以及屈服强度明显提高,但由于脆性 Laves 相仍然大量存在,Nb、Mo 等元素偏析并没有消除,γ' 相和 γ'' 相的析出量相对较少,从而导致断口中出现了少量微裂纹,材料的塑性严重下降,整体力学性能没有大幅改善。而固溶时效处理减弱了 Nb 元素的偏析,大量溶解了 Laves 相,导致了 δ 相的析出,而 δ 相仍然占有一定量的 Nb 元素,同样会抑制 γ' 相和 γ'' 相的析出,但通过调整工艺,提高热处理温度和保温时间,有效地控制了 δ 相在晶内的析出数量,从而提高了 γ' 相和 γ'' 相的析出量,另外 δ 相在晶界处析出有利于提高晶界强度、阻止晶界滑移,最终获得的材料力学性能更接近锻造后的相关性能。均匀化处理虽然使得 Laves 相和 δ 相几乎全部消失,消除了 Nb 的偏析,但组织发生了再结晶,高的均匀化温度导致了晶粒严重长大和孪晶间界的出现,因此使材料的力学性能严重下降。

在相同的热处理工艺条件下,薄壁试样的力学性能较块体零件的力学性能更加优异,这是由于两种试样的沉积态组织特征影响热处理后的组织转变。块体试样中更加严重的 Nb 偏析以及大量 Laves 相的析出,导致直接时效处理后 γ' 相和 γ'' 相的析出量较少,而固溶热处理后 Laves 相的溶解不充分,晶内大量 δ 相的析出同样不利于提高 γ' 相和 γ'' 相的析出量。对于薄壁试样,Laves 相数量少、尺寸更小,更多的 Nb 固溶于 γ 基体,因此直接时效热处理有利于 γ' 相和 γ'' 相的析出。同理,固溶时效处理后,Laves 相大量溶解,而薄壁试样晶内的 δ 相析出数量明显少于块体试样的相关值,因此有利于提高 γ' 相和 γ'' 相的析出量。对于均匀化处理,块体试样更加粗大的枝晶形态导致了再结晶的晶粒相比薄壁试样的再结晶晶粒相更粗大,因此其力学性能下降得更加严重。

第5章 钛合金等离子弧熔覆再制造组织及性能研究

5.1 钛合金的特点及应用

Ti 是继 Al、Fe、Mg 之后的第四大金属结构材料,占地球金属存储量的 0.6%。钛合金具有比强度高、抗腐蚀性强及生物相容性好等特性,其物理性能见表 5.1[94-96]。这些优异的特性使 Ti 在许多领域的应用中极具吸引力,例如,飞机零部件需要具有良好的比强度;航空发动机需要材料具有高强度、低密度和高温下良好的抗蠕变性能;生物医学材料需要耐腐蚀、生物相溶性及与人体骨骼相近的弹性模量等。另一方面,钛合金对大气敏感,容易与 O、N、H 等强烈反应,温度大于 300 ℃ 时吸收 H;温度大于 600 ℃ 时吸收 O,从而形成硬度更高的硬化层;温度大于 700 ℃ 时吸收 N,生成 TiN。所以,钛合金的制造过程需要真空保护或惰性气体保护,这增加了制造钛合金的成本,极大地约束了钛合金进一步的推广应用。

表 5.1　几种典型合金的物理性能[94-96]

合金类型	牌号	最大拉伸强度/MPa	屈服强度/MPa	密度/(g·cm⁻³)	比强度/(MPa·g⁻¹·cm⁻²)	相对抗蚀性	相对价格
超强铝	7050	510	455	2.83	180.2	高	中
钛合金	Ti－6Al－4V	895	825	4.45	201.2	极高	极高
高温合金	GH4033	1 140	724	8.20	135.8	中	高
高强钢	30CrMnSiA	1 100	850	7.8	141.0	中	中
超高强钢	Aermet 100	1 965	1 758	7.8	251.9	高	高

5.1.1 钛合金晶体结构和各向异性特征

纯钛是同素异性结构材料,于 882 ℃ 开始相变,常温下为密排六方 α 相,温度高于 882 ℃ 时为体心立方 β 相,液相线为 1 670 ℃[97]。图 5.1 所示为钛合金 α 相及 β 相晶胞,α 相包括 3 种类型密排面,分别是:1 个基面

$\{0002\}$、3 个棱柱面 $\{10\bar{1}0\}$ 以及 6 个棱锥面 $\{10\bar{1}1\}$，a_1、a_2 及 a_3 分别为密排方向 $\langle11\bar{2}0\rangle$。β 相密排面为 6 个 $\{110\}$ 面及 4 个密排方向 $\langle111\rangle$[94]。

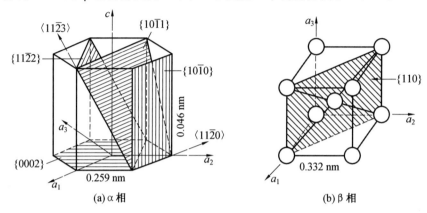

图5.1　钛合金 α 相及 β 相晶胞[94]

钛合金的弹性特性与加载力及变形方向有关，主要原因是室温下密排六方 α 相本身具有各向异性的特征。图 5.2 所示为 α 单晶体的弹性模量 E 与应力轴偏角 γ 的关系。

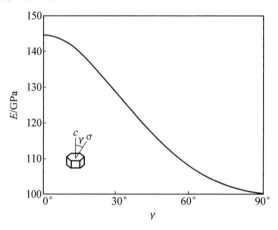

图5.2　α 单晶体的弹性模量 E 与应力轴偏角 γ 的关系[94]

由图 5.2 可知，应力轴（σ 轴）同 c 轴一致，弹性模量 E 最大为 145 GPa，当应力轴与 c 轴垂直时 E 为 100 GPa。剪切模量具有相似的各向异性特征，当剪切应力平行于密排面 $\{0002\}$ 或 $\{10\bar{1}0\}$ 的密排方向 $\langle11\bar{2}0\rangle$ 时，其剪切模量分别为 46 GPa 及 34 GPa[94]。钛合金为密排六方结构，这使材料具有各向异性。研究发现相转变、析出机制决定了钛合金零件各向异性的强弱关系,因此,相转变及析出相成为钛合金研究的重点。

5.1.2 元素对相转变的影响

合金元素的增加或减少影响钛合金 β⟶α 的相转变,从而可分为 α 相稳定元素和 β 相稳定元素。图 5.3(a) 所示为各合金元素对钛相变的影响。Al、O、N 和 C 为重要的 α 稳定相元素,其中,Al 为置换固溶体元素,O、N 和 C 为间隙固溶体元素,O 是强间隙固溶元素。A. I. Kahveci 和 G. E. Welsch 研究表明,O 在钛合金中能提高其强度及硬度,但同时 O 的质量分数为 0.26% ~ 0.56% 时使得零件发生韧脆转变[98-99]。β 稳定相元素分为两种:① 共晶型元素 V、Mo、Nb、Ta;② 共析型元素 Fe、Cr、Si、Mn、Ni、Cu、H,其中 Mn、Ni、Cu 只在特殊需求时用,H 在低温 300 ℃ 析出,为了避免 H 在钛合金中产生氢脆,一般质量分数控制在 0.012 5% ~ 0.015%。Zn 及 Sn 为中性元素,其质量分数对 β⟶α 相转变无影响。

依据金属钛中添加的合金元素在室温下形成的不同质量分数分为三种类型:① α 钛合金;② α+β 钛合金;③ β 钛合金,如图5.3(b) 所示。其中,

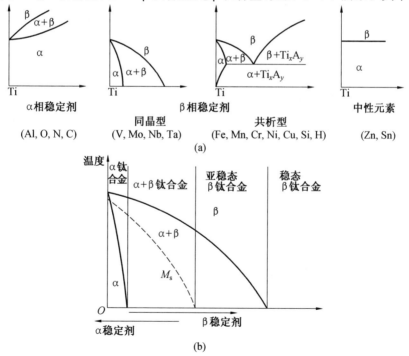

图5.3 合金元素对 β⟶α 相转变的影响和钛合金分类[94]

纯钛为典型的 α 钛合金,具有良好的耐蚀性、可焊性及可塑性,主要应用于热交换器和管类零件。一般 α 钛合金含有少量 β 相的稳定元素,β 相的体积分数小于 5% 时,称为近 α 钛合金;β 相的体积分数为 10% ～ 20% 时,称为 α+β 钛合金,Ti－6Al－4V 合金为典型的双相合金;β 相的体积分数超过 20% 时,称为 β 钛合金[100]。另外,与双相 α+β 钛合金不同的 β 钛合金从高温冷却到室温的过程中不发生马氏体转变,部分发生马氏体相变的钛合金称为亚稳态 β 钛合金,如图 5.3 所示。

5.1.3　Ti－6Al－4V 合金的应用

双相 α+β 钛合金中 Ti－6Al－4V 合金因具有优良的强度、塑性、耐疲劳及抗断裂性等综合力学性能而被广泛使用,其早在 1998 年美国钛合金市场的使用量就达 56%[94],如图 5.4 所示。Ti－6Al－4V 合金最常用于航空航天领域,如航空飞机挡风框架、发动机低压段叶片、EJ2000 型战斗机中间段压气机匣以及尾部尾椎等钛合金零件[101]。同时,因其具有较好的抗腐蚀性及良好的力学性能,Ti－6Al－4V 合金也被应用于汽轮机末级长叶片段以代替传统 Cr12 不锈钢。随着 Ti－6Al－4V 合金制造成本的降低,其在民生领域的应用逐渐增加,如体育运动、人造生物骨骼等方面,具体见表 5.2。

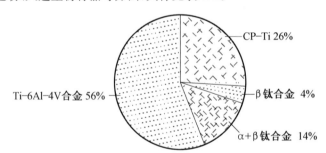

图5.4　1998 年美国钛合金市场分布[94]

表 5.2　Ti－6Al－4V 合金的应用[94-96]

领域	零件	零件特征
航空	挡风框架(80 ～ 90% 使用量)	薄板类
	4084 型发动机低压段叶片	薄壁类
	EJ2000 型发动机中间段压气机匣	薄壁类
	波音 777 尾部尾椎	3.3 m×762 mm×5 mm(长×宽×高)
	起落架框	4.5 m×375 mm(长×宽),锻件毛坯的质量为 815 kg

续表5.2

领域	零件	零件特征
电力	低压段汽轮机叶片	长度为 1.4 m,厚度约为 10 mm
其他	高尔夫球头	薄壁类
	深海隔水管系统	薄壁类
	人造髋关节	薄壁类

5.2 脉冲等离子弧熔覆再制造工艺参数对其成形性及组织的影响规律

5.2.1 等离子弧熔覆再制造工艺方案设计

脉冲等离子弧熔覆再制造(Pulsed Plasma Additive Manufacturing,PPAM)技术涉及较多的工艺参数,主要参数有脉冲频率、脉冲基值及峰值电流、占空比、沉积电流、焊接速度、送丝速度、等离子气体量及保护气量和送气量等。然而,正是 PPAM 技术工艺参数调节的丰富性,使得该技术应用范围广,几乎包括各种金属的制造,采用 PPAM 技术如何高效地确定工艺方案成为首要解决的问题。

正交试验设计是一种实用的试验设计方法,可有效降低试验次数,同时可获得工艺因素对响应结果的影响大小,并获得优选的试验结果,为工艺方案选定提供依据。然而,通过正交设计所得的优选方案只限定在已定的水平上,并不是一定工艺区间的最优方案。采用回归分析可有效对所得试验数据进行处理,通过确立回归方程,研究了工艺参数因素对响应结果的影响大小,并对试验结果进行预测和优化,进一步采用二次回归分析,可以减少试验次数,同时完善交互项及二项式项的影响因素。在满足试验条件需要的同时减少试验组,本章采用二次回归正交分析方法,研究脉冲等离子弧各工艺参数对成形性及成形组织的影响规律,并在试验工艺参数范围内,通过二次回归方程预测和优化工艺方案,为试验研究及工业生产前的工艺选择做理论准备。

1. 试验材料及参数确定

(1)试验材料。

试验用熔覆再制造材料采用 Oxford 公司生产的 ERTi－5 级别 Ti－

6Al—4V 焊丝。焊丝直径为 $\phi=1.0$ mm,其化学成分及相应焊丝典型的力学性能见表 5.3,其实物如图 5.5 所示。试验用基板为热轧态双相 TC4(Ti—6Al—4V)合金,其显微金相组织如图 5.6 所示,采用 ASTM E 1382—1997 标准测定并获得其平均晶粒大小为 5.30 μm,晶粒级别为 11.8 级。

表 5.3　Ti—6Al—4V 焊丝的化学成分及力学性能

化学成分					力学性能		
元素	C	O	N	H	抗拉强度 /MPa	屈服强度 /MPa	延伸率 /%
质量分数 /%	0.02	0.14	0.01	0.007	895	830	10
元素	Fe	Al	V	Ti			
质量分数 /%	0.07	6.11	3.95	余量			

图5.5　焊丝实物图

（2）试验工艺参数。

脉冲等离子弧熔覆再制造技术涉及的工艺参数较多,包括脉冲频率 F_P、送丝速度 W_{FS}、焊接速度 T_s、脉冲峰值电流 I_p、脉冲基值电流 I_b、占空比 D_{cy}(脉冲基值电流时间 T_b 与电流单位周期时间 T 的比值,即 $T_p/(T_b+T_p)$)、送气量及保护气量等参数,各参数之间具有相互影响性。另一方面,本小节以 50 Hz 计算其脉冲时间为 20 ms,脉冲上升或下降时间为 10 μs 左右,两者相比,脉冲上升或下降时间可以忽略,在此不做考虑。再次,根据实际及经验,将送气量和保护气量值确定在满足工艺需求的范围内,将 PPAM 工艺主要参数 F_P、W_{FS}、T_s、I_p、I_b 和 D_{cy} 作为研究对象。

一方面,若取因素水平 3 次、因素 7,则需要采用 $L_{18}(37)$,至少需要进行 18 次试验,该正交试验方案并未考虑因素之间的交互作用且无考查的

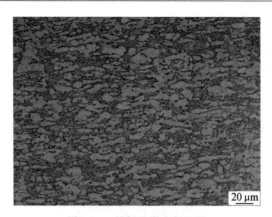

图5.6 基板显微金相组织

对比项。对于多因素试验,很难反映实际试验的规律,导致结论出现分析误差,在此必须考虑交互因素,即所需要试验次数为 $n=37$ 次,远远大于18 次试验,实际执行并不现实。另一方面,若采用正交设计,所得的方案限定在所选的水平上,其结果只与单个试验点的选择有关,很难推演试验的规律性结果。

综合以上因素考虑,在增材制造工艺范围内,为了使回归方程更加显著并能有效反映试验结果的规律,取变量 F_P、W_{FS}、T_s、I_p、I_b、D_{cy}(即 $T_p/(T_b+T_p)$)作为参考,因等离子弧成形 I_p 和 I_b、T_p 和 T_b 之间电流控制过程具有相互影响性,为了减少试验误差,先将 I_b/I_p(基值电流与峰值电流的比值)作为单个自变量,相对应的 $T_p/(T_b+T_p)$ 作为单个自变量。假设每组选定的参数都相互影响,为此,采用二次二水平回归正交试验组合设计进行脉冲等离子弧熔覆再制造工艺优化试验,即 $L_8(27)$ 试验方案,研究交互自变量正交试验对成形性及组织的影响,研究输出项分别取成形性 Y_1,组织指标取柱状晶长度 Y_2、柱状晶宽度 Y_3 和平均柱状晶纵横比 Y_4。

2.试验工艺窗口的确定

选定合适的工艺窗口是研究正交试验有效性的必要条件。建立正交试验的工艺窗口,一方面与机器本身的限定有关,另一方面,与实际考查对象和实现的可能性相关。

本小节脉冲等离子弧系统的参数范围分别为:F_P 为 0 ~ 2.0 kHz;I_P 为 3 ~ 500 A;T_s 为 0.1 m/min;W_{FS} 为 0.1 m/min;D_{cy} 为 10% ~ 90%;I_b 为 0 ~ 100%。其中,脉冲频率 0.2 ~ 5 Hz 主要应用于全位置焊接或者自动焊接的热脉冲;而脉冲频率 1 ~ 2 kHz 用作在小焊接电流下稳定的电弧脉冲。根据 Y. Hirata 研究表明,脉冲等离子弧成形具有的较为明显细化

晶粒的脉冲范围为 $0 \sim 100$ Hz。由于设备电流最高值为 500 A,但电流设定与钨极承受能力有关,由于多层 PPAM 需要满足成形性要求,钨极直径过大,更利于表面熔覆铺展,但对成形性不利,试验选用适中的钨极直径为 5 mm,与之相对应的设备最大承载电流为 300 A,根据实际焊接,采用电流值小于 100 A,钛合金沉积过程中容易产生未熔合缺陷。同理,在相同的热输入条件下,焊接速度过慢或者焊接速度过快都可能存在焊道未熔合现象。

综上所述,根据实际设备工艺范围及实际焊接经验,初步设定工艺区间为

$$30 \text{ Hz} \leqslant F_P \leqslant 90 \text{ Hz} \tag{5.1 a}$$

$$2.4 \text{ m/min} \leqslant W_{FS} \leqslant 3.6 \text{ m/min} \tag{5.1 b}$$

$$0.2 \text{ m/min} \leqslant T_s \leqslant 0.3 \text{ m/min} \tag{5.1 c}$$

$$220 \text{ A} \leqslant I_p \leqslant 300 \text{ A} \tag{5.1 d}$$

$$66 \text{ A} \leqslant I_b \leqslant 200 \text{ A} \tag{5.1 e}$$

$$30\% \leqslant D_{cy} = T_p/(T_b + T_p) \leqslant 90\% \tag{5.1 f}$$

取 $X_1 = F_P$;$X_2 = W_{FS}/T_s$;$X_3 = I_b/I_p$;$X_4 = T_p/(T_b + T_p)$。所以,$X_1 \in [30,90]$;$X_2 \in [8,18]$;$X_3 \in [0.3,0.7]$;$X_4 \in [0.3,0.9]$。

根据给定自变量 X_1、X_2、X_3、X_4 的范围,设单道成形柱状晶数目为 N_{aB},则研究对象分别取成形高度 H 为 Y_1,成形宽度 W 为 Y_2,成形性为 Y_3,柱状晶长度 Y_4 取 H_{GB},柱状晶平均宽度 Y_5 和平均柱状晶纵横比 Y_6,采用这 6 个试验结果评价脉冲等离子弧熔覆再制造 Ti—Al—4V 合金成形性及组织的影响,其中 Y_3、Y_5 及 Y_6 分别按照式(5.2a) $\sim$ (5.2c)定义:

$$Y_3 = \frac{H}{W} \tag{5.2 a}$$

$$Y_5 = \frac{W}{N_{GB}} \tag{5.2 b}$$

$$Y_6 = \frac{H_{GB}}{\dfrac{W}{N_{GB}}} \tag{5.2 c}$$

式中,W 为成形宽度;H 为成形高度,即熔化区 H_1 和部分熔化区 H_2 之和,不考虑热影响区;H_{GB} 为单道成形最长柱状晶的长度;N_{GB} 为单道成形截面柱状晶数。各变量测量示意图如图 5.7 所示。

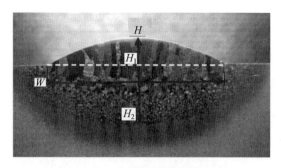

图5.7 各变量测量示意图

5.2.2 熔覆再制造相关工艺参数影响机理分析

1.正交试验数据处理

为了获得稳定的正交试验数据,需要将各实际因素进行线性编码,从而得到规范变量,再参考试验因素及因变量数目,确定合适的二次回归正交组合试验。所以,二次回归正交组合设计需要做如下处理。

(1)因素水平编码。

二次回归正交组合设计总试验次数可由下式确定:

$$N = m_c + 2m + m_0 \tag{5.3}$$

式中,m 为自变量因素,$m=4$;m_c 为二水平全面试验的次数,$m_c = L_8(2^7)$,即 8 次;m_0 为零水平试验,可令 $m_0 = 1$。最终求得:$N = 17$(次)。

星号臂长度 γ 必须满足

$$\gamma = \sqrt{\frac{\sqrt{(m_c + 2m + m_0)m_c} - m_c}{2}} \tag{5.4}$$

将数值代入式(5.4),求得:$\gamma = 1.353$。

设 X_{j2}、X_{j1} 和 X_{j0} 分别表示因素 X_j 的上水平、下水平和零水平;$X_{j\gamma}$ 与 $X_{j-\gamma}$ 为因素 X_j 的上、下星号臂水平;Δ_j 为各因素的变化间距。则 X_{j0}、Δ_j、Z_j 的计算公式为

$$X_{j0} = \frac{X_{j1} + X_{j2}}{2} \tag{5.5 a}$$

$$\Delta_j = \frac{X_{j\gamma} - X_{j0}}{\gamma} \tag{5.5 b}$$

$$Z_j = \frac{X_j - X_{j0}}{\Delta_j} \tag{5.5 c}$$

采用式(5.5a)、式(5.5b)及式(5.5c),对各因素 X_1、X_2、X_3、X_4 的水平进行线性变换,得到四因素水平编码表,见表 5.4。

表 5.4　四因素水平编码表

规范变量 Z_j	自然变量 X_j			
	X_1	X_2	X_3	X_4
上星号臂(γ)	90	18	0.7	0.7
下星号臂($-\gamma$)	30	8	0.3	0.3
上水平(1)	82.172	16.965	0.735	0.735
下水平(-1)	37.828	9.305	0.365	0.365
零水平(0)	60	13	0.5	0.5
变化间距(Δ_j)	22.172	3.695	0.185	0.185

（2）一次回归正交设计。

因为自变量为四因素且取两水平,采用 $L_8(27)$ 一次回归进行正交后得到其编码,见表 5.5。

表 5.5　一次回归正交设计编码表

试验号	列号							试验号	列号						
	Z_1	Z_2	Z_{12}	Z_3	Z_{23}	Z_{34}	Z_4		Z_1	Z_2	Z_{12}	Z_3	Z_{23}	Z_{34}	Z_4
1	1	1	1	1	1	1	1	5	-1	1	-1	1	1	-1	-1
2	1	1	1	-1	-1	1	-1	6	-1	1	-1	-1	-1	-1	1
3	1	-1	-1	1	-1	-1	-1	7	-1	-1	1	1	-1	1	1
4	1	-1	-1	-1	1	-1	1	8	-1	-1	1	-1	1	1	-1

（3）二次项中心化。

按照表 5.5 进行编码,编码公式就将各因素的实际取值 X_j 相互对应于编码值 Z_j,编码后,试验因素的水平分别被编写为 γ、1、0、-1 和 $-\gamma$,可得到表 5.6 所示的四元二次回归正交组合设计表。

表 5.6　四元二次回归正交组合设计表

编号	Z_1	Z_2	Z_3	Z_4	Z_1Z_2	Z_1Z_3	Z_1Z_4	Z_2Z_3	Z_2Z_4	Z_3Z_4
1	1	1	1	1	1	1	1	1	1	1
2	1	1	-1	-1	1	-1	-1	-1	-1	1
3	1	-1	1	-1	-1	1	-1	-1	1	-1
4	1	-1	-1	1	-1	-1	1	1	-1	-1
5	-1	1	1	-1	-1	-1	1	1	-1	-1

续表5.6

编号	Z_1	Z_2	Z_3	Z_4	Z_1Z_2	Z_1Z_3	Z_1Z_4	Z_2Z_3	Z_2Z_4	Z_3Z_4
6	-1	1	-1	1	-1	1	-1	-1	1	-1
7	-1	-1	1	1	1	-1	-1	-1	-1	1
8	-1	-1	-1	-1	1	1	1	1	1	1
9	1.353	0	0	0	0	0	0	0	0	0
10	-1.353	0	0	0	0	0	0	0	0	0
11	0	1.353	0	0	0	0	0	0	0	0
12	0	-1.353	0	0	0	0	0	0	0	0
13	0	0	1.353	0	0	0	0	0	0	0
14	0	0	-1.353	0	0	0	0	0	0	0
15	0	0	0	1.353	0	0	0	0	0	0
16	0	0	0	-1.353	0	0	0	0	0	0
17	0	0	0	0	0	0	0	0	0	0

增加星号试验和零水平试验之后,二次项失去了正交性,即使纵列项编码后和不为0,同其他任一列编码的乘积和也不为0。为了使得正交表具有正交性,先确定合适的星号臂长度后,对二次项按照下式进行中心化处理:

$$Z'_{ji} = Z^2_{ji} - \sum_{i=1}^{n} Z^2_{ji} \tag{5.6}$$

式中,Z'_{ji} 为中心化之后的编码;n 为自变量数。

编码后结果见表5.7。采用二次回归正交组合获得试验结果,其熔覆剖面如图5.8所示。由试验结果可得四元二次回归正交组合设计试验结果值,见表5.8。

表 5.7 四元二次回归正交组合中心编码设计表

编号	Z'_1	Z'_2	Z'_3	Z'_4
1	0.314	0.314	0.314	0.314
2	0.314	0.314	0.314	0.314
3	0.314	0.314	0.314	0.314
4	0.314	0.314	0.314	0.314

续表5.7

编号	Z'_1	Z'_2	Z'_3	Z'_4
5	0.314	0.314	0.314	0.314
6	0.314	0.314	0.314	0.314
7	0.314	0.314	0.314	0.314
8	0.314	0.314	0.314	0.314
9	1.145	−0.686	−0.686	−0.686
10	1.145	−0.686	−0.686	−0.686
11	−0.686	1.145	−0.686	−0.686
12	−0.686	1.145	−0.686	−0.686
13	−0.686	−0.686	1.145	−0.686
14	−0.686	−0.686	1.145	−0.686
15	−0.686	−0.686	−0.686	1.145
16	−0.686	−0.686	−0.686	1.145
17	−0.686	−0.686	−0.686	−0.686

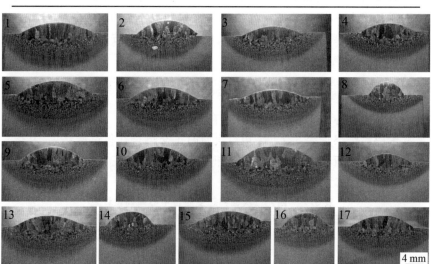

图5.8 回归正交试验熔覆剖面图

表 5.8   四元二次回归正交组合设计试验结果值

编号	Y_1	Y_2	Y_3	Y_4	Y_5	Y_6
1	7.71	16.33	0.472	3.38	0.82	4.133
2	7.00	13.33	0.525	3.00	0.78	3.825
3	6.50	12.79	0.508	3.08	0.80	3.857
4	6.50	12.42	0.523	3.13	0.89	3.523
5	8.17	16.67	0.490	3.46	0.98	3.528
6	7.33	14.67	0.500	3.75	0.98	3.835
7	6.71	13.75	0.488	2.79	0.76	3.655
8	6.00	7.96	0.754	3.13	0.80	3.927
9	7.63	14.13	0.540	3.25	0.88	3.681
10	7.13	13.50	0.528	2.96	0.90	3.287
11	8.79	17.21	0.511	3.75	0.96	3.923
12	6.00	10.83	0.554	3.00	0.72	4.154
13	7.25	15.83	0.458	3.17	0.79	4.000
14	6.38	10.17	0.627	3.00	0.73	4.131
15	7.13	14.88	0.479	2.92	0.68	4.314
16	6.42	10.08	0.636	2.92	0.84	3.471
17	6.67	13.88	0.480	2.71	0.77	3.514

2. 正交试验结果

采用二次回归正交组合设计公式：

$$Y = \beta_0 + \sum_{j=1}^{m} \beta_j x_j + \sum_{k<j} \beta_{kj} x_k x_j + \sum_{j=1}^{m} \beta_{jj} x_j^2, \quad k=1,2,3,\cdots,m-1; j \neq k$$

(5.7)

式中，Y 为响应；β_0 为常量回归系数；β_j 为与 X_j 相对应的线性回归系数；β_{kj} 为交互回归系数；β_{jj} 为与 X_j 相对应的二项式回归系数。

采用 Stat—Ease Design—Expert 8.0.6 统计软件进行二次回归数理分析，获得响应结果，经过回归分析得

$$Y_1 = 7.0 - 0.015Z_1 + 0.071Z_2 + 0.029Z_3 + 0.13Z_4 -$$
$$0.13Z_1Z_2 - 0.11Z_1Z_3 + 0.10Z_1Z_4 + 0.16Z_1' +$$
$$0.17Z_2' - 0.15Z_3' - 0.17Z_4'$$

(5.8 a)

$$Y_2 = 13.43 + 0.23Z_1 + 1.95Z_2 - 1.61Z_3 + 1.11Z_4 -$$
$$0.65Z_1Z_2 - 0.55Z_1Z_3 - 0.14Z_1Z_4 + 0.27Z_1' +$$
$$0.38Z_2' - 0.18Z_3' - 0.46Z_4' \tag{5.8 b}$$

$$Y_3 = 0.53 - 0.016Z_1 - 0.030Z_2 - 0.049Z_3 - 0.043Z_4 +$$
$$0.027Z_1Z_2 + 0.026Z_1Z_3 + 0.027Z_1Z_4 - 0.001\ 3Z_1' -$$
$$0.002\ 1Z_2' + 0.003\ 3Z_3' + 0.012Z_4' \tag{5.8 c}$$

$$Y_4 = 2.93 - 0.013Z_1 + 0.21Z_2 - 0.005\ 6Z_3 + 0.032Z_4 -$$
$$0.14Z_1Z_2 + 0.12Z_1Z_3 + 0.057Z_1Z_4 + 0.069Z_1' +$$
$$0.22Z_2' + 0.057Z_3' - 0.034Z_4' \tag{5.8 d}$$

$$Y_5 = 0.78 - 0.022Z_1 + 0.054Z_2 + 0.000\ 3Z_3 - 0.012Z_4 -$$
$$0.060Z_1Z_2 - 0.003\ 2Z_1Z_3 + 0.019Z_1Z_4 + 0.006\ 2Z_1' +$$
$$0.034Z_2' - 0.01Z_3' - 0.011Z_4' \tag{5.8 e}$$

$$Y_6 = 3.80 + 0.080Z_1 + 0.003\ 9Z_2 - 0.009\ 9Z_3 + 0.099Z_4 +$$
$$0.100Z_1Z_2 + 0.15Z_1Z_3 - 0.007\ 6Z_1Z_4 - 0.21Z_1' -$$
$$0.096Z_2' + 0.11Z_3' + 0.017Z_4' \tag{5.8 f}$$

回归正交设计中,各因素的水平都经过无因次的编码变换,即在研究范围内都是等效的,所求回归系数不受因素单位以及取值影响,所以,回归系数确定后,根据因素系数绝对值的大小可判断各因素和交互作用下的影响大小,其正负表示的意义是各因素对试验指标影响的正负相关性。另外,回归系数的符号反映因素对试验指标影响的正负,由于中心化后 Z_j 的变化规律与自变量 X_j 的变化规律一致。

根据式(5.8a)可知,成形高度影响大小规律为: $Z_2' = Z_4' > Z_2 > Z_3 > Z_1' > Z_3' > Z_4 = Z_1Z_2 > Z_1Z_3 > Z_1Z_4 > Z_1$,可见, $X_2 = W_{FS}/T_s$(送丝速度与焊接速度的比值)对成形高度影响最大,脉冲频率 F_P 对成形高度的影响最小,即等离子弧脉冲频率变化对成形性影响最小。

根据式(5.8b)可知,成形宽度影响大小规律为 $Z_2 > Z_3 > Z_4 > Z_1Z_2 > Z_1Z_3 > Z_4' > Z_2' > Z_1' > Z_1 > Z_3' > Z_1Z_4$,可见, $X_2 = W_{FS}/T_s$ 对成形宽度影响最大,脉冲频率与占空比的交互作用影响最小。

根据式(5.8c)可知,成形纵横比影响大小规律为: $Z_3 > Z_4 > Z_2 > Z_1Z_2 = Z_1Z_4 > Z_1Z_3 > Z_1 > Z_4' > Z_3' > Z_2' > Z_1'$,可见, I_b/I_p 对成形纵横比的影响最大,脉冲频率对成形纵横比的影响最小,即等离子弧脉冲重复作用对成形性的影响最小。

根据式(5.8d)可知,对成形柱状晶长度的影响规律为: $Z_2' > Z_2 > Z_1Z_2 > Z_1Z_3 > Z_1' > Z_1Z_4 = Z_3' > Z_4' > Z_4 > Z_1 > Z_3$,由此可见,送丝速度

与焊接速度的协同效应对原始 β 柱状晶长度的影响最大,脉冲频率同送丝速度及焊接速度的协同效应影响稍弱,I_b/I_p 影响最小,可见,通过对送丝速度与焊接速度调控可以有效影响原始 β 柱状晶的生长方向长度。另外,调节 I_b/I_p 的影响效果最弱。

根据式(5.8e)可知,成形对原始 β 柱状晶平均宽度的影响规律为:$Z_1' > Z_1 Z_2 > Z_2 > Z_2' > Z_1 > Z_1 Z_4 > Z_4 > Z_4' > Z_3' > Z_1 Z_3 > Z_3$,由此可知,脉冲频率 F_P 对原始 β 柱状晶平均宽度的影响最大,脉冲频率同送丝速度及焊接速度的协同效应影响稍弱,I_b/I_p 影响最小,所以,通过对脉冲频率调控可以有效地影响原始 β 晶粒的生长。

根据式(5.8f)可知,成形对原始 β 柱状晶纵横比的影响规律为:$Z_1' > Z_1 Z_3 > Z_3' > Z_1 Z_2 > Z_4 > Z_2' > Z_1 > Z_4' > Z_3 > Z_1 Z_4 > Z_2$,由此可知,脉冲频率 F_P 的重复作用对原始 β 柱状晶纵横比的影响最大,脉冲频率与占空比的协同效应影响稍弱,W_{FS}/T_s 影响最小。所以,通过对脉冲频率的重复作用可有效减少柱状晶的纵横比;其次,利用脉冲频率及占空比的调节可以减弱柱状晶体的单向生长,另外,调节送丝速度及焊接速度大小对柱状晶的影响不大。

综上所述,脉冲等离子弧单道成形钛合金,I_b/I_p 与占空比对单道成形钛合金的影响最大,即热输入量对成形性影响最大,而脉冲频率对成形性的影响最弱。另一方面,W_{FS}/T_s 和脉冲频率对原始 β 柱状晶生长的影响最大,而 I_b/I_p 的影响较弱。

3. 偏回归方差统计分析

回归系数反映了各因素对响应结果的影响规律,但不能表述模型和实际成形的拟合程度和影响的显著性关系状况。为了进一步研究模型因素对响应的影响显著程度,对回归方程及偏回归系数的方差进行分析。回归分析是一种处理变量之间相关关系的统计方法,对随机试验结果的统计分析可确定回归方程并检验回归方程的可信性等。二次回归正交设计后,响应与各因素所得模型的数据统计结果见表 5.9,表 5.9 中采用 R^2、Adjusted $-R^2$、Pred $-R^2$、Adeq Precision、F 检验法进行分析及显著性检验。本试验采用相关系数 R 检验法及 F 检验法对回归方程进行显著性检验。

(1) 相关系数 R 检验法。

相关系数 R 描述变量 Y 与多个自变量 X 之间的线性相关度,R^2 为多线性回归方程的决定系数,反映回归平方和在总离差平方和中的比重。所以 R^2 的取值范围为 $[0,1]$,当 $R^2 \approx 0$ 时,表明响应与自变量之间不存在线性关系,但可能存在非线性关系;当 $1 > R^2 > 0$ 时,表明变量之间存在一定程度的线性相关关系。判断回归方程是否具有显著性需要根据给定的显著性水平来确定,显著性检验要求 $R > R_{\min}$。若 $R^2 > R_{\min}$,则 $R > R_{\min}$。

试验共进行了 17 组,自变量影响因子为 4,给定的显著性水平取 0.05,R 需大于 0.722,该值反映了回归方程的显著性阈值。如表 5.9 所示,自变量 X_1、X_2、X_3 和 X_4 的回归方程对响应的影响大于 0.722 2 时为显著影响,而自变量回归方程对 Y_6 表现为不显著。由表 5.9 可知,对成形宽度的显著性最为强烈,可见回归系数满足条件要求。原始 β 晶粒纵横比较小,回归系数或非线性回归系数不能有效预测实际的原始晶粒特征,即实际成形原始晶粒纵横比与模型预测大小的显著性较弱。Adeq Precision 数据用来描述回归方程模型解释预测变化值,该值是衡量模型信噪比的量。通常认为 Adeq Precision 值大于 4 即认为是可接受的范围。由表 5.9 可知,其数值与 R^2 值反映的规律一致。

表 5.9　二次回归正交模型统计分析

响应 Y	R^2	Adjusted — R^2	Pred — R^2	Adeq Precision
Y_1(成形高度 H)	0.893 4	0.658 8	− 0.550 4	6.866
Y_2(成形宽度 W)	0.953 6	0.851 5	0.270 1	11.902
Y_3(成形性 $\dfrac{H}{W}$)	0.906 1	0.699 5	− 0.169 4	8.440
Y_4(原始 β 晶粒高度 H_{GB})	0.857 0	0.542 3	− 0.794 4	5.655
Y_5(原始 β 晶粒宽度 $\dfrac{W}{N_{GB}}$)	0.826 5	0.445 0	− 1.845 1	5.136
Y_6(原始 β 晶粒纵横比 $\dfrac{H_{GB}}{\frac{W}{N_{GB}}}$)	0.670 0	− 0.055 9	− 3.433 9	3.706

(2)F 检验法。

采用 F 检验法进一步检验回归方程与响应的显著性,观察各自变量因数对模型整体的影响程度,从而检验回归正交模型是否符合相关规律。一般情况下,采用模型 F 值与标准表对比结果来判断回归方程模型与实际的相关性程度,满足回归 $F > F_{0.01}$ 为非常显著,满足 $F_{0.05} > F > F_{0.01}$ 为显著相关,满足 $F > F_{0.10}$ 为有关联,$F_{0.01}$ 为 5.41,$F_{0.05}$ 为 3.26,$F_{0.10}$ 为 2.48,见表 5.10,成形性与 R^2 值检验结果的规律一致。原始 β 组织长度与回归方程表现相关,而原始 β 组织宽度及纵横比显示与回归方程的相关性不显著。

表 5.10　二次回归正交模型的显著性统计分析

响应 Y	总回归方程的显著性		编码变量的显著性		
	F 值	显著性	编码变量	F 值	显著性
Y_1-H	3.81	*	Z_2	30.30	* *
Y_2-W	9.34	* *	Z_2	46.10	* *
			Z_3	31.64	* *
			Z_4	14.94	* *
$Y_3-\dfrac{H}{W}$	4.39	* *	Z_3	16.66	* *
			Z_4	13.01	* *
Y_4-H_{GB}	2.72	—	Z_2	12.94	* *
			Z_1Z_2	3.90	*
$Y_5-\dfrac{W}{N_{GB}}$	2.17	×	Z_2	7.47	* *
			Z_1Z_2	6.44	* *
			Z_1'	5.69	* *
$Y_6-\dfrac{\dfrac{H_{GB}}{W}}{N_{GB}}$	0.92	×	Z_1'	3.26	*

注:* * 非常显著;* 显著;— 有关联;× 无关联

在成形性方面,Z_2 与成形高度显著相关,即成形高度受送丝速度和焊接速度影响最大,而受其他工艺参数影响较弱;从 F 值可知,成形宽度受工艺参数影响较多,W_{FS}/T_s、I_b/I_p 以及占空比的影响一致,表现为显著影响;采用成形高度与成形宽度相比获得成形高宽比,反映成形整体特征。F 值反映了成形宽高比受 I_b/I_p 及占空比的影响显著,即成形热输入量对成形宽高比影响作用最显著。

在组织显著性方面,原始 β 晶粒长度与 Y_4 整体显示相关,子因素表现为:W_{FS}/T_s 为非常显著相关,脉冲频率同送丝速度及焊接速度交互作用为显著相关;而原始 β 晶粒宽度方向、W_{FS}/T_s、脉冲频率同送丝速度及焊接速度交互作用,以及脉冲频率叠加作用都表现为非常显著性;脉冲频率对原始 β 晶粒纵横比作用显著。

综上所述,脉冲等离子弧熔覆再制造在成形性方面受热输入影响最大,表现为 W_{FS}/T_s、I_b/I_p 以及占空比作用都表现为非常显著;在组织方面其受脉冲频率作用的影响最大,表现为非常显著相关。

4. 对成形性的影响

由式(5.8a)～(5.8f)及表5.9可知,对响应 Y(成形高度、成形宽度及成形纵横比)影响最大的因素为 X_2 及 X_3,即 W_{FS}/T_s 以及 I_b/I_p,而脉冲频率及占空比对响应的影响最小。所以,固定最小影响因素,观察最大影响因素对响应的影响程度,从而描述试验工艺范围内对成形性的变化规律;另一方面,分别设定最大影响因素值,观察工艺参数对响应的影响规律。为了研究工艺参数对响应的影响规律,主要探讨实际工艺结果与预测模型的拟合程度对成形高度的影响规律、对成形宽度的影响规律及对成形纵横比的影响规律。

(1)对成形高度的影响规律。

① 回归模型与实际结果的拟合程度。如图5.9所示,整体成形高度范围为 $6.00～8.79$ mm,整体上二次回归模型与实际结果拟合较好;成形高度为 $6.50～8.50$ mm 时,实际数值围绕二次回归线性模型小幅度地变化。由上述可知,预测模型在该区间较为准确。

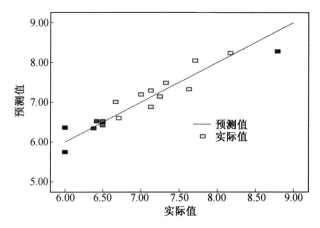

图5.9　成形高度的二次回归模型与实际结果的拟合程度

② 模型等高线分析。由式(5.8a)及表5.9可知,W_{FS}/T_s 以及 I_b/I_p 对成形高度的影响最大,而脉冲频率及占空比对响应的影响最小。所以,取影响最小因素的试验区间范围参数,预先确定脉冲频率为 50 Hz,占空比为 50%,观察响应成形高度的变化规律。由图 5.10 可知,在 $9.30 \leqslant X_2 \leqslant 16.97,0.37 \leqslant X_3 \leqslant 0.74$ 时,沉积零件的成形高度整体变化不大,其范围为 $6～8$ mm。

由图 5.10(a)可知,当 X_2 及 X_3 取最小值时,零件的成形高度最小,而

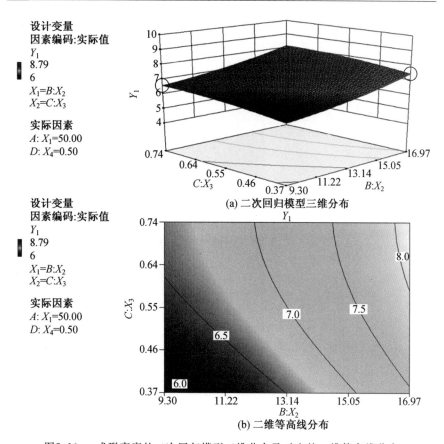

图5.10　成形高度的二次回归模型三维分布及对应的二维等高线分布

当 X_2 及 X_3 同时取最大值时,零件的成形高度最大。所以,零件成形高度和 W_{FS}/T_s 以及 I_b/I_p 呈正相关性,其原因是提高 X_2,即单位时间内成形体积增多,随着基值电流的增大,成形高度增加;由图 5.10(a) 中的圆圈部分可见,成形高度随基值电流的增大幅度小于送丝速度的提高幅度。该规律与式(5.8a)及表5.9一致,即 W_{FS}/T_s 对成形高度的影响大于 I_b/I_p 对其的影响。

由图 5.11(a) 可知,为获得成形高度最大,在 X_2 为 16.97、X_3 为 0.74时,占空比设置为 46% ~ 65%,脉冲频率设置小于 40 Hz。由图 5.11(b) 可知,为获得成形高度最小,在 X_2 为 9.30、X_3 为 0.37 时,占空比设置小于40%,脉冲频率设置小于 65 Hz。

（2）对成形宽度的影响规律。

① 回归模型与实际结果的拟合程度。如图 5.12 所示,整体成形宽度

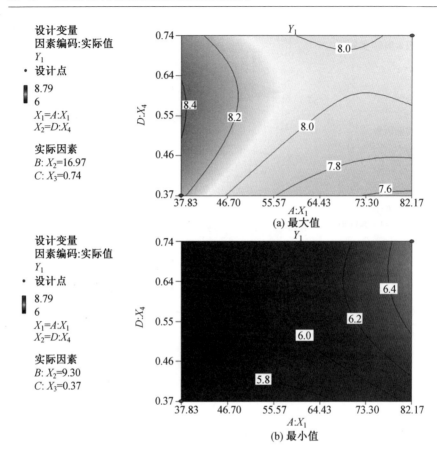

图5.11　成形高度的极值与工艺参数的关系

为 7.96～17.21 mm，整体上二次回归模型与实际结果拟合得较好，比成形高度拟合度高；成形高度为 10～12 mm 时，拟合结果稍有波动，其他实际数值与二次回归线性模型基本一致。由此可知，预测模型较为准确。

②模型等高线分析。成形宽度与成形高度影响因素一致，由式（5.8b）及表 5.9 可知，影响成形高度的主要因素为 W_{FS}/T_s 以及 I_b/I_p，而脉冲频率及占空比对响应的影响最小。所以，取最小影响因素的试验区间范围参数，预先确定脉冲频率为 50 Hz、占空比为 50%，观察响应成形高度的变化规律。由图 5.13(b) 可知，在 $9.30 \leqslant X_2 \leqslant 16.97$，$0.37 \leqslant X_3 \leqslant 0.74$ 时，成形宽度范围为 7.96～17.21 mm。由图 5.13(a) 可知，当 X_2 及 X_3 取最小值时，零件的成形宽度最小，而当 X_2 及 X_3 同时取最大值时，零件的成形宽度最大。所以，成形零件宽度和 W_{FS}/T_s 以及 I_b/I_p 呈正相关性。提高 X_2（即单位时间内成形体积增多）后，随着基值电流的提高，成形

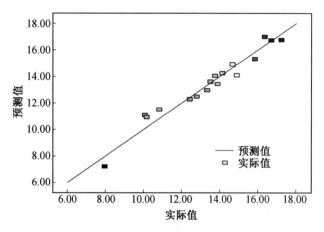

图5.12　成形宽度的二次回归模型与实际结果的拟合程度

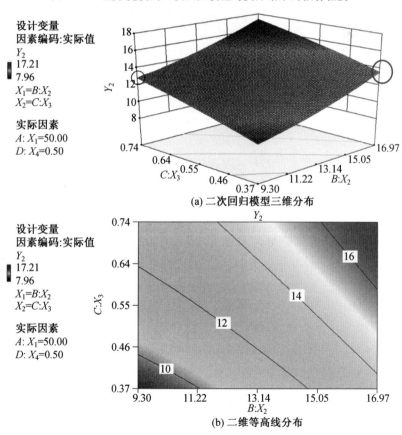

图5.13　成形宽度的二次回归模型三维分布及其对应的二维等高线分布

宽度增加；如图 5.13(a) 所示，成形高度随基值电流的增大幅度与送丝速度的提高幅度基本一致，X_2 略微大于 X_3。由表 5.10 中 F 值可知，Z_2 影响为 46.10(高于 Z_3 的 31.64)，等高线与 F 值判断一致，即 W_{FS}/T_s 对成形高度的影响大于 I_b/I_p。

由图 5.14(a) 可知，为获得成形宽度最大，在 X_2 为 16.97、X_3 为 0.74 时，占空比设置高于 65%，脉冲频率设置小于 40 Hz。由图 5.14(b) 可知，为获得成形宽度最小，在 X_2 为 9.30、X_3 为 0.37 时，占空比设置小于 45%，脉冲频率设置小于 50 Hz。

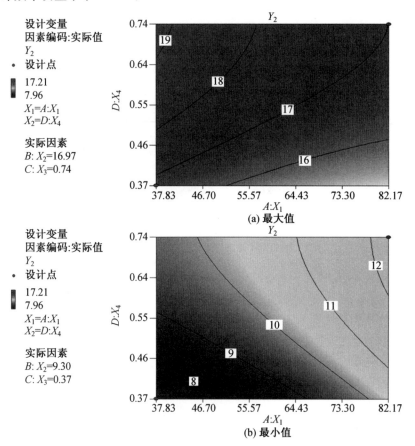

图5.14　成形宽度的极值与工艺参数的关系

(3) 对成形纵横比的影响规律。

① 回归模型与实际结果的拟合程度。如图 5.15 所示，整体成形纵横比的范围为 0.45 ~ 0.75 mm，整体上二次回归模型与实际结果拟合得较

好;在各工艺参数范围内,成形纵横比主要集中在0.45～0.6 mm内,表现为二次回归模型与响应成形纵横比的拟合度不如成形高度及形成宽度的拟合度。由表5.10可知,对比成形高度和成形宽度的F值,其值小于成形宽度及成形高度的F值,二次回归显著性稍弱于前两者,主要原因为成形纵横比是成形高度及成形宽度的比率,增加了交互影响并增大了误差。

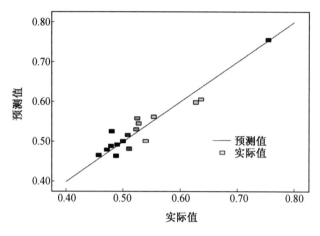

图5.15　成形纵横比的二次回归模型与实际结果的拟合程度

　　②模型等高线分析。由式(5.8c)及表5.9可知,影响成形纵横比的主要因素为$I_b/I_p(X_3)$及占空比(X_4),而脉冲频率(X_1)及$W_{FS}/T_s(X_2)$的影响最小。所以,取最小影响因素的试验区间范围参数,预先确定I_b/I_p为0.5,占空比为50%,观察响应成形纵横比的变化规律。由图5.16(b)可知,在$37.83 \leqslant X_1 \leqslant 82.17, 9.30 \leqslant X_2 \leqslant 16.97$时,成形高度整体变化不大,其范围为$0.52 \sim 0.62$ mm,该范围并未出现极值。确定I_b/I_p及占空比中间值,不能完全反映出成形纵横比的极值,其原因是成形纵横比与模型之间线性并不明显。当X_1及X_2取最小值时,零件的成形纵横比较大,当X_1及X_2同时取最大值时,成形零件纵横比较小。所以,零件的成形纵横比与脉冲频率以及W_{FS}/T_s呈负相关性。可能原因是通过脉冲频率的变化在成形过程中对熔池的搅拌作用增强,加快了熔池的凝固;另一方面,脉冲频率对成形纵横比增大的幅度小于送丝速度的提高幅度。

　　由图5.17(a)可知,在X_3为0.37、X_4为0.37时,取脉冲频率最小值为37.83 Hz,W_{FS}/T_s设置为9.30,成形纵横比最大。由图5.17(b)可知,在X_3为0.74、X_4为0.74时,取脉冲频率最小值37.83 Hz,W_{FS}/T_s为16.97,成形纵横比最小。

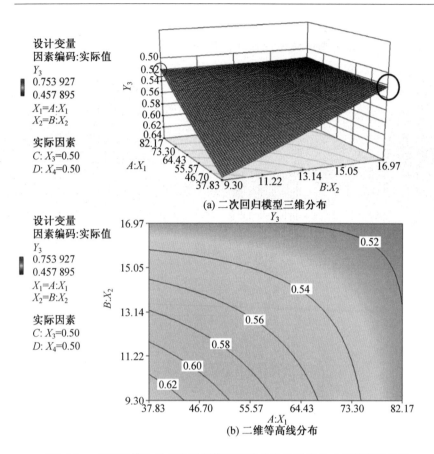

图5.16 成形纵横比的二次回归模型三维分布及对应的二维等高线分布

5. 对组织的影响

由式(5.8a)～(5.8f)及表 5.9 可知,对响应 Y(原始 β 晶粒长度、宽度及纵横比)影响最大的工艺参数为 X_1 及 X_2,即脉冲频率以及 W_{FS}/T_s 对响应的影响最大,X_3 与 X_4 对响应的影响最小。所以,固定最小影响因素,观察最大影响因素对响应的影响程度,可以描述工艺参数对成形零件组织的变化规律。

(1)回归模型与实际结果的拟合程度。

如图 5.18 所示,晶粒长度为 2.7～3.75 mm,整体上二次回归模型与实际结果拟合区间的范围比成形高度拟合度更松散;在晶粒长度低数值范围内,拟合结果稍有波动,其他实际数值与二次回归线性模型基本一致。由上述可知,晶粒长度在低长度区间内容易波动,可能由于冷却梯度大,晶粒在相变区间更容易生长,其他因素的影响较小;反之,冷却梯度不高时,其他工艺因素波动容

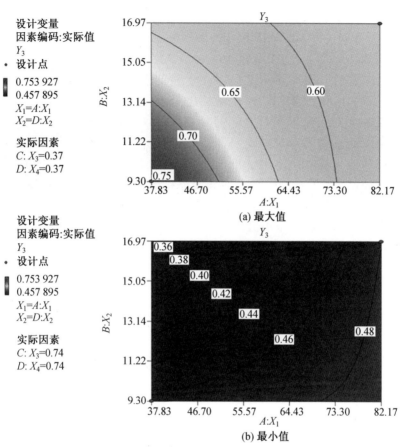

图5.17　成形纵横比的极值与工艺参数的关系

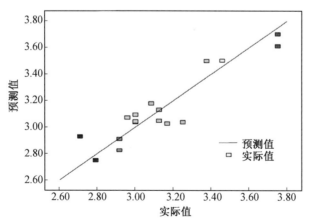

图5.18　原始 β 晶粒长度的二次回归模型与实际结果的拟合程度

易造成成形高度的变化,导致晶粒和模型拟合度偏差增大。

（2）模型的等高线分析。

由式（5.8d）及表 5.9 可知,影响晶粒长度的主要因素为脉冲频率（X_1）及 W_{FS}/T_s（X_2）,而 X_3 以及 X_4 对晶粒长度的影响最小。所以,取最小影响因素的试验区间范围参数,预先确定 I_b/I_p 为 0.5,占空比为 50%,观察响应晶粒长度在影响因子最大区间的变化规律。由图 5.19（b）可知,在 $37.83 \leqslant X_1 \leqslant 82.17, 9.30 \leqslant X_2 \leqslant 16.97$ 时,晶粒高度整体变化范围为 $2.7 \sim 3.75$ mm,该范围并未出现极值。确定 I_b/I_p 及占空比中间值,不能完全反映出晶粒长度的极值,其原因是晶粒长度与模型之间的线性关系并不明显。由图 5.19（a）可知,当 X_1 取最小值、X_2 取最大值时,所成形的晶粒长度较大;当 X_1 取最小值、X_2 取最小值时,晶粒长度较小。另一方面,脉冲频率对晶粒长度有一定的影响,表现为 X_2 取最小值时,取较大的脉冲

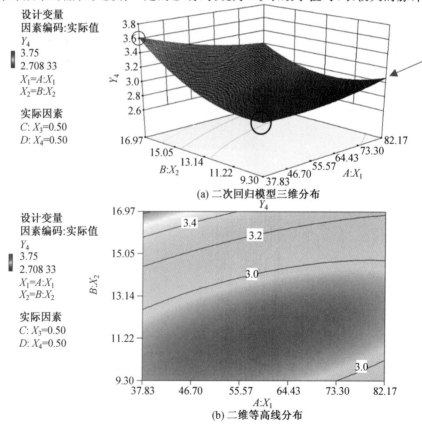

图5.19   原始 β 晶粒长度的二次回归模型三维分布和对应的二维等高线分布

频率,可以减少晶粒长度的生长,其可能存在的原因是通过脉冲频率的变化在成形过程中对熔池的搅拌作用增强,提高了形核率,加速了熔池的凝固,一定程度上阻碍了晶粒的生长。

由图 5.20(a) 可知,在 X_1 取最小值 37.83 Hz,X_2 取最大值16.97 时,X_4 在整体区间内,$X_3 < 42\%$,成形组织晶粒长度最大。由图5.20(b) 可知,在 X_1 取最小值 37.83 Hz,X_2 取最小值 9.30 时,在 X_3 偏向取区间上限,晶粒长度最小。

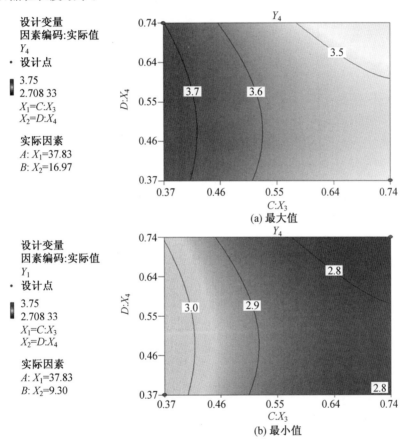

图5.20 原始 β 晶粒长度的极值与工艺参数的关系

(3) 对组织原始 β 晶粒宽度的影响规律。

① 回归模型与实际结果的拟合程度。如图 5.21 所示,晶粒宽度范围在 $0.67 \sim 0.98$ mm。由表 5.9 可知,整体上二次回归模型与实际结果拟合区间范围内的表现为无关联,但满足二项回归因子 Z_1 及 Z_2 经 $F > F_{0.10}$

检验符合拟合值,所以,可以大致分析其受工艺参数影响的规律。整体拟合比成形宽度拟合度较为松散;在晶粒宽度处于低数值及高数值时,拟合结果波动较大,其他实际数值围绕二次回归线性模型基本一致。由此可知,晶粒在区间上限及下限容易波动。

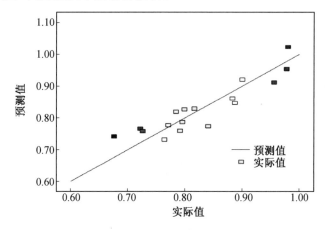

图5.21　原始β晶粒宽度的二次回归模型与实际结果的拟合程度

②模型等高线分析。由式(5.8e)及表5.9可知,影响晶粒宽度的主要因素为脉冲频率(X_1)及W_{FS}/T_s(X_2),而I_b/I_p(X_3)及占空比(X_4)的影响最小。所以,取影响最小因素的试验区间范围参数,预先确定I_b/I_p为0.5,占空比为50%,观察响应晶粒宽度在影响因子最大区间的变化规律。由图5.22(b)可知,在$37.83 \leqslant X_1 \leqslant 82.17, 9.30 \leqslant X_2 \leqslant 16.97$时,晶粒高度整体变化为$0.67 \sim 0.96$ mm,该范围内并未出现最大值。由图5.22(a)可知,当X_1取最小值、X_2取最大值时,所成形的晶粒宽度较大;当X_1取中部脉冲频率、X_2取最小值时,所成形的晶粒宽度较小。如图5.22(a)所示,晶粒宽度最低,可见,在较低的W_{FS}/T_s下,脉冲频率对晶粒宽度有一定的影响,但并非脉冲频率越高,晶粒越细化,而是在工艺范围合适的区间内,可使晶粒宽度减小。表现为X_2取最小值时,取合适的脉冲频率,晶粒得到细化,其原因可能是在成形过程中脉冲频率的变化对熔池产生的搅拌最强,提高了形核率,增加熔池的凝固,一定程度上阻碍了晶粒生长。Y. Hirat的研究表明,等离子弧焊接在$1 \sim 100$ Hz脉冲作用下对晶粒有细化作用,高于该脉冲频率后则没有明显细化[102]。

由图5.23(a)可知,在X_1取最小值37.83 Hz,X_2取最大值16.97时,X_4在整体区间内取区间上限0.74,X_3取小于0.4的区间,成形组织晶粒宽度最大。由图5.23(b)可知,X_1取中间值50.00 Hz,X_2取最小值9.30时,

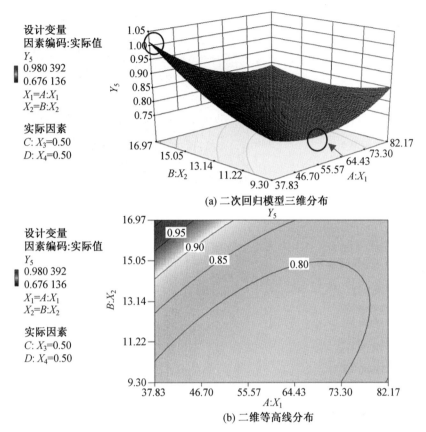

设计变量
因素编码:实际值
Y_5
0.980 392
0.676 136
$X_1 = A:X_1$
$X_2 = B:X_2$

实际因素
$C:X_3 = 0.50$
$D:X_4 = 0.50$

(a) 二次回归模型三维分布

设计变量
因素编码:实际值
Y_5
0.980 392
0.676 136
$X_1 = A:X_1$
$X_2 = B:X_2$

实际因素
$C:X_3 = 0.50$
$D:X_4 = 0.50$

(b) 二维等高线分布

图5.22　原始 β 晶粒宽度的二次回归模型三维分布及对应的二维等高线分布

占空比取最大值74%,在 X_3 偏向取区间上限或下限区间,晶粒宽度最小。

(4) 对组织原始 β 晶粒纵横比的影响规律。

① 回归模型与实际结果的拟合程度。如图 5.24 所示,晶粒纵横比为 3.28～4.31 mm。由表5.9可知,整体上二次回归模型与实际结果在拟合区间范围内表现为无关联,但满足二项回归因子 Z_1 经 $F > F_{0.10}$ 检验符合拟合值,所以,可以大致分析其受工艺参数的影响规律。整体拟合比成形宽度拟合度更松散;在晶粒纵横比为3.7～4.2时,实际数值围绕二次回归线性模型基本一致,其他波动较大。由此可知,晶粒纵横比在该区间可作为预测值参考。

② 模型等高线的分析。由式(5.8f)及表5.9可知,影响晶粒宽度的主要因素为脉冲频率(X_1)及 I_b/I_p(X_3),而 W_{FS}/T_s(X_2)及占空比(X_4)的影响较弱。所以,取影响最小因素的试验区间范围参数,预先确定 W_{FS}/T_s 为

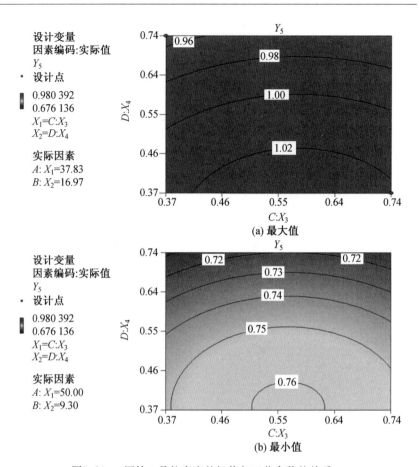

图5.23 原始 β 晶粒宽度的极值与工艺参数的关系

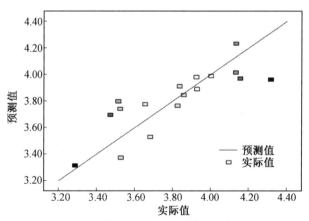

图5.24 原始 β 晶粒纵横比的二次回归模型与实际结果的拟合程度

12.5，占空比为 50%，观察响应晶粒纵横比在影响因子最大区间的变化规律。由图 5.25(b) 可知，在 $37.83 \leqslant X_1 \leqslant 82.17, 0.37 \leqslant X_3 \leqslant 0.74$ 时，晶粒纵横比整体变化范围为 $3.28 \sim 4.31$ mm，该范围并未出现最大值。由图 5.25(a) 可知，当 X_1 取最大值、X_3 取最大值时，所成形的零件晶粒纵横比变大，晶粒粗化；当 X_1 取最小值、X_3 取最小值时，晶粒纵横比较小，晶粒细化，如图 5.25(a) 所示，晶粒纵横比最低。由此可知，在低脉冲频率和较小的基值电流下，晶粒纵横比减小。

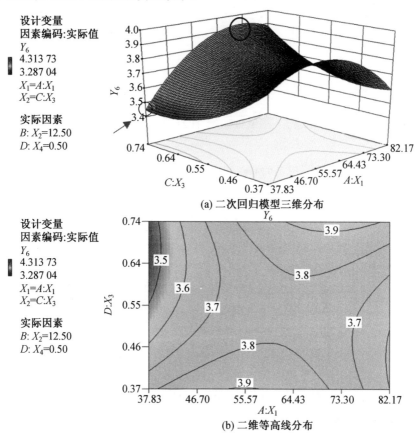

图5.25　原始 β 晶粒纵横比的二次回归模型三维分布及对应的二维等高线分布

由图 5.26(a) 可知，在 X_1 取最大值 82.17 Hz，X_3 取最大值 0.74 时，X_4 在整体区间内取区间上限 0.74，I_b/I_p 取上限区间，成形组织晶粒纵横比变大。通常希望成形零件组织为细小的晶粒，纵横比相对粗大的晶粒数量少，需要取晶粒纵横比的下限。由图 5.26(b) 可知，在 X_1 取最小值

$37.83\ \mathrm{Hz}$, X_3 取最大值 0.74 时, X_4 取小值, 在 X_2 偏向取区间上限区间, 晶粒纵横比较低。

综上所述, 脉冲频率增加不利于晶粒纵横比减小, 但有利于晶粒长度减小, 而适合的脉冲频率可以有效减小晶粒宽度, 显著细化晶粒。

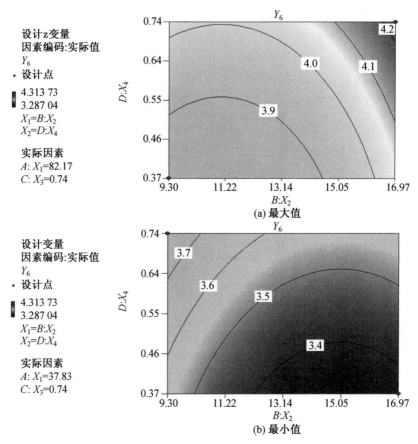

图5.26　原始 β 晶粒纵横比的极值与工艺参数的关系

6. 优化参数

（1）薄壁类零件。

在等离子弧熔覆再制造的过程中, 能够单道一次成形的尺寸宽度称为薄壁类零件。所以, 对于沉积薄壁类零件, 需要满足较高的成形高度、较窄的成形宽度, 并需要原始 β 晶粒纵向长度最小且横向宽度最小。边界条件设置如下: 成形高度（Y_1）取最大值 $8.79\ \mathrm{mm}$; 成形宽度（Y_2）取最小值 $7.96\ \mathrm{mm}$; 原始 β 晶粒高度（Y_4）取最小值 $2.7\ \mathrm{mm}$; 原始 β 晶粒宽度（Y_5）

取最小值 0.67 mm;原始 β 晶粒纵横比(Y_6)的理论值为 1 时即为完全圆形等轴晶粒;实际上 Y_6 的范围为 3.2～4.3,取纵横比最小值 3.2。

在试验所给定的工艺区间,将相关参数代入 Design－Expert 软件,以期获得最优化的工艺参数,试验方案的预测结果见表 5.11。预测值方案 1 满足要求的概率为 72%,方案 2 满足要求的概率为 68%。

表 5.11　薄壁零件优化工艺试验方案的预测结果

试验方案	X_1	X_2	X_3	X_4	Y_1	Y_4	Y_5	Y_6
1	37.83	10.3～12.2	0.71～0.74	0.38～0.74	6.72～7.05	2.7～2.8	0.75～0.80	3.49～3.68
2	82.17	12.9～13.4	0.38～0.44	0.37	6.18～6.65	2.8	0.79	3.55

(2) 块体零件。

在等离子弧熔覆再制造的过程中,需要多道成形且具有一定厚度的零件称为块体零件。所以,对于块体零件,需要满足较高的成形高度及较宽的成形宽度,并需要原始 β 晶粒纵向长度最小、横向宽度最小。边界条件设置如下:成形高度(Y_1)取最大值 8.79 mm;成形宽度(Y_2)取最大值 17.21 mm;原始 β 晶粒高度(Y_4)取最小值 2.7 mm;原始 β 晶粒宽度(Y_5)取最小值 0.67 mm;原始 β 晶粒纵横比(Y_6)的理论值为 1 的即为完全圆形等轴晶粒;实际上 Y_6 的范围为 3.2～4.3,取纵横比最小值 3.2。在试验所给定的工艺区间,将相关参数代入 Design－Expert 软件,可获得最优化的工艺参数,试验方案的预测结果见表 5.12,预测值方案 1 满足要求的概率为 76%,方案 2 满足要求的概率为 71%。

表 5.12　块体零件优化工艺试验方案的预测结果

试验方案	X_1	X_2	X_3	X_4	Y_1	Y_4	Y_5	Y_6
1	37.83	10.0～10.9	0.67～0.74	0.37～0.74	12.1～14.8	2.7～2.8	0.74～0.80	3.48～3.7
2	80.17	12.4～13.3	0.37～0.46	0.37	11.0～11.8	2.8	0.79	3.55

由以上可知,脉冲频率增大不利于晶粒纵横比的减小,但有利于晶粒长度的减小,而适合的脉冲频率可以有效减少晶粒宽度,显著细化晶粒。在满足成形宽度的要求下,为了获得较细的组织(即晶粒长度及宽度较小),在脉冲频率适当的范围内取值,即脉冲频率设置为 50～70 Hz。

（3）组织精细的零件。

不考虑成形性，对于主要侧重于性能的零件可不设置成形高度和成形宽度，而设定影响组织的参数，确定组织精细的零件。边界条件设置如下：成形纵横比（Y_3）取最大值 0.75；原始 β 晶粒高度（Y_4）取最小值 2.7 mm；原始 β 晶粒宽度（Y_5）取最小值 0.67 mm；原始 β 晶粒纵横比（Y_6）的理论值为 1 时即为完全圆形等轴晶粒；实际上 Y_6 的范围为 3.2～4.3，取纵横比最小值 3.2。

在试验所给定的工艺区间，将相关参数代入 Design－Expert 软件，可获得最优化的工艺参数，试验方案的预测结果见表 5.13，预测值方案 1 满足要求的概率为 70%，方案 2 满足要求的概率为 66%。

表 5.13　组织精细的零件优化工艺试验方案的预测结果

试验方案	X_1	X_2	X_3	X_4	Y_3	Y_4	Y_5	Y_6
1	37.83 ～ 50	9.3 ～ 10.76	0.49 ～ 0.67	0.37 ～ 0.41	0.62 ～ 0.68	2.81 ～ 2.86	0.76 ～ 0.80	3.56 ～ 3.74
2	55 ～ 80.17	9.3 ～ 12.32	0.37 ～ 0.57	0.37	0.56 ～ 0.62	2.80 ～ 2.83	0.76 ～ 0.79	3.56 ～ 3.75

5.2.3　脉冲等离子弧熔覆再制造单道多层模型验证

1. 边界条件设定

为了验证模型和实际增材制造成形的准确性及误差性，选取一组工艺试验，进行单道多层增材制造试验。利用最优化参数沉积单道多层，分别采用成形零件特征参数（熔高与熔宽）和组织特征参数（原始 β 晶粒的尺寸及高度）验证模型的正确性及其误差性。

在增材制造过程中，随着高度的增加，传热传质的方式不同。靠近基板的传热可视为三维传热；随着高度增加，单道沉积零件的传热表现为单方向传热，即 Z 方向传热；另外，由于受前道沉积的影响，每一道提升的高度会不一致，所以需要规定：① 每一层的重熔区都一致；② 每道原始晶粒宽度不受后一道沉积影响；③ 每一道冷却的温度一致。

由于固液界面在推进过程中，后一道沉积与前一道之间存在重熔区，客观上柱状晶体生长方向受后一道沉积的影响。因此，不考虑参数对柱状晶高度的影响规律，只考虑工艺参数对成形性及柱状晶宽度的影响规律。分别测量每一层的沉积高度 L_H 以及沉积宽度 L_w，并测量相应的原始 β 晶

粒横向尺寸,沉积完成测量平均高度及平均宽度,即

$$\bar{L}_{\mathrm{H}} = \sum_{i=1}^{n} L_{\mathrm{H}i} \qquad (5.9\,\mathrm{a})$$

$$\bar{L}_{\mathrm{W}} = \sum_{i=1}^{n} L_{\mathrm{W}i} \qquad (5.9\,\mathrm{b})$$

式中,$\bar{L}_{\mathrm{H}}$ 为增材制造零件的平均高度;$\bar{L}_{\mathrm{W}}$ 为增材制造零件的平均宽度;$L_{\mathrm{H}i}$ 为沉积对应的 i 层高;$L_{\mathrm{W}i}$ 为沉积对应的 i 层宽度。

2.试验工艺确定

选用直径为 1.0 mm 的 Ti−6Al−4V 焊丝作为沉积材料,化学元素的质量分数如下:0.02%C,0.14%O,0.01%N,0.007%H,0.07%Fe,6.11%Al,3.95%V,其他为 Ti。在氩气保护的气氛下,采用等离子弧熔覆再制造系统进行工艺试验。通过优化工艺参数,选用脉冲频率 50 Hz、峰值电流(I_{p})250 A,基值电流为 I_{p} 的 40%。固定其他工艺参数,占空比倾向极大值和极小值,晶粒宽度得到细化,所以,设置占空比低值 37%,焊接速度为 0.25 m/min,送丝速度为 3.0 m/min,等离子弧送气量为 2 L/min,氩气保护送气量为 20 ~ 30 L/min,即 $X_1=50$,$X_2=3.0/0.25=12$,$X_3=0.4$,$X_4=0.37$。按照上文设置工艺参数,分别沉积 1 ~ 4 层进行成形性及组织的验证。取试样 $Z−X$ 面进行观察,在宏观光学显微镜下观察并测量成形高度及成形宽度,在光学显微镜下观察并测量原始 β 晶粒的长度及宽度。

3.试验结果与讨论

图 5.27 所示为脉冲等离子弧熔覆再制造沉积单道 1 ~ 4 层零件的宏观组织,试验结果见表 5.14。由图 5.27 及表 5.14 可知,在成形特征方面,随着沉积层数的增加,靠近基体的单层成形高度最大,沉积高度下降;随着沉积高度增加,沉积宽度增加。在组织特征方面,随着沉积层数的增加,晶粒粗大,晶粒数下降。由图 5.27 中的第 2 层可见,前一层的晶粒被重熔,晶粒宽度明显增大。由图 5.27 中第 3、4 层可见,部分新的原始 β 晶粒并未贯

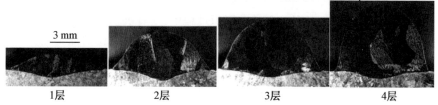

图5.27　脉冲等离子弧熔覆再制造沉积单道 1 ~ 4 层零件的宏观组织

穿整个层数,原因可能是在脉冲等离子弧搅拌的条件下,促使了新的原始β晶粒向不同方向生长的倾向,晶粒纵横比减小。

表 5.14　实际沉积层数对应的成形尺寸及晶粒尺寸

项　目		成形特征			组织特征	
		高度 L_H/mm	平均高度 $\overline{L}_H$/mm	平均宽度 $\overline{L}_W$/mm	晶粒数 n	晶粒宽度 $\dfrac{\overline{L}_W}{n}$/mm
测量值	L_{H1}	6.42	6.42	10.14	12	0.84
	L_{H2}	8.81	6.39	10.38	6	1.73
	L_{H3}	10.72	4.91	10.66	6	1.78
	L_{H4}	11.38	5.66	10.8	4	2.7
预测值	L_H	—	6.20±0.44	9.54±0.97	—	0.78±0.07

注:为了与模型的计算方式一致,平均高度增加与基体重熔区高度计算取值相同;L_{Hn} 为沉积 n 层后试件的高度

对比脉冲等离子弧增材制造沉积单道多层零件相关参数的实际值与预测值,如图 5.28 所示。在成形特征方面,成形第 1 层高度误差率 3%,第 2 层高度误差率 8%;随着沉积层数增加,高度误差率上升,第 3 层高度误差率达 20%,第 4 层高度误差率降至 8%,说明随着沉积高度增大至一定数值,模型误差率波动加剧,主要原因为沉积第 1 层与第 2 层靠近基体,冷却速率较大,与模型初始边界条件设置一致,随着沉积高度增加,能量热输入增加,高度误差率增大。成形第 1 层宽度误差率为 6%,随着沉积高度增加,沉积宽度增加,误差率增加。在组织特征方面,第 1 层晶粒宽度误差率为 7%,随着沉积层数增加,晶粒增大,宽度误差显著变大。

综上所述,脉冲等离子弧增材制造二次回归分析模型可较为准确地预测单道单层零件的相关响应值。其中,预测的准确程度为:成形高度 > 成形宽度 > 原始晶粒宽度。金属在沉积过程中,随着沉积层数增加,能量积累及能量传输的方式不同,会造成误差增加;若稳定每一层的能量输入,该预测模型在判断成形性及组织变化趋势规律上具有一定的参考性。

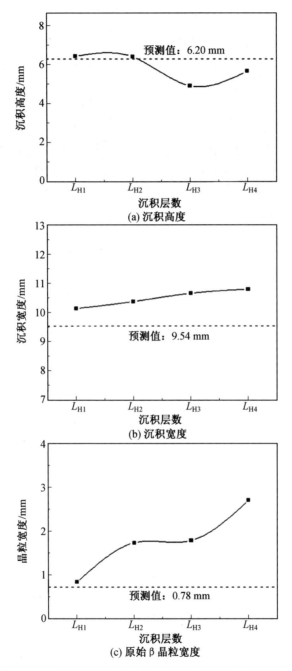

图5.28　不同沉积层相关参数实际值与预测值之间的关系

5.3　脉冲等离子弧增材制造
Ti－6Al－4V 合金组织的演变特征

5.3.1　增材制造相关工艺参数的设定

脉冲等离子弧增材制造过程是一种高能束快速凝固的表面冶金过程，等离子弧熔化焊丝材料产生平稳过渡的液滴在金属基板表面产生熔池，熔池凝固过程中涉及传热、传质及凝固界面晶体的生长行为。通过对熔覆再制造凝固过程的表征，进而探究凝固组织的生长机理。受热输入影响，其在凝固过程中形成不同的组织特征。根据组织形态，凝固组织可分为全片状组织、双相组织及等轴状组织；根据溶质有无扩散，凝固组织可分为马氏体组织、魏氏体组织及具有网篮特征的魏氏体组织。

本章优化了试验工艺条件，采用脉冲等离子弧增材制造 Ti－6Al－4V 合金零件，利用不同测试分析方法对不同层高的零件进行组织以及相结构分析，并对不同沉积层零件的高倍显微组织特征和形貌进行观察分析，对相体积分数、溶质元素分布与变化进行测定和表征，从而获得等离子弧增材制造的凝固过程和非平衡态组织受重复热循环的演变规律，揭示凝固组织的生长机理，为脉冲等离子弧增材制造钛合金凝固过程控制、参量的选择和调控提供启示，进而为钛合金增材制造实施控制且得到满足力学性能需要的零件提供重要的理论依据和工艺指导。

试验选用直径为 1.0 mm 的 Ti－6Al－4V 焊丝作为沉积材料，化学元素的质量分数如下：0.02％C，0.14％O，0.01％N，0.007％H，0.07％Fe，6.11％Al，3.95％V，其余为 Ti。工艺试验在惰性气体（氩气）的保护气氛下进行，采用图 2.3 所示的等离子弧增材制造系统设备进行工艺试验。为制备成形效率高、晶粒细化的零件，通过第 3 章优化工艺参数规律，选取脉冲频率为 50 Hz，峰值电流（I_p）为 250 A，基值电流（I_b）为 I_p 的 40％。固定其他参数条件下，占空比取极大值或极小值区间范围，可使晶粒宽度细化。为减少能量热输入，占空比设置为低值的 37％，焊接速度为 0.25 m/min，送丝速度为 3.0 m/min，等离子弧送气量为 2 L/min，氩气保护送气量为 20 ～ 30 L/min。按照上述工艺，分别沉积单道 1 层、2 层、3 层、4 层、6 层和 15 层的零件，从而研究脉冲等离子弧增材制造单道多层零件组织的演变规律。钛合金在高于 300 ℃ 的环境中容易发生氧化，在沉积基板上距离沉积面以下 5 mm 左右(由于重熔区为 3 mm 左右),放入热电偶探测沉积温度变化,当沉积后温度低于 300 ℃ 时,进行下一道的沉积。

采用脉冲等离子弧增材制造单道多层的 Ti－6Al－4V 合金零件,分别切取试样 Z－X 面进行显微组织观察,并在宏观光学显微镜下观察测量成形高度及成形宽度,在光学显微镜下观察测量原始 β 晶粒的长度,采用 X 射线衍射仪测定组织的相组成,利用光学显微镜(Optical Microscope, OM)、扫描电子显微镜(Scanning Electron Microscope,SEM)、能谱分析(Energy Dispersive Spectrum,EDS) 及 电 子 背 散 射 (Electron Backscattered Diffraction,EBSD) 分析显微组织、成分及相演变规律,研究脉冲等离子弧增材制造的凝固过程和非平衡态组织受重复热循环的演变规律,揭示凝固组织的生长机理及生长演变规律。

5.3.2 TC4 合金的组织与性能研究

1. 成形性

成形性是指单位时间内所能成形的体积量,在相对固定成形宽度的条件下,成形高度反映了成形性的大小。由图 5.29 可知,虚线代表了第 1 层到第 2 层的线性成形率。以虚线作为参考,试验获得不同层数的成形曲线,随着沉积高度增加,偏离初始沉积层,零件沉积高度逐渐下降。在相同的热输入条件下,最初层靠近基板,冷却速率高,沉积率高;由于空气相对于金属介质是不良导体,随着沉积层的累积,后一道累积的能量不断增加,主要热流方向与沉积方向相反,沿着－Z 方向传输,因此成形高度降低,成形宽度增加,例如图 5.29 中 15 层表现得尤其明显。若需要使得整体成形长宽一致,维持每一层的热输入量动态平衡是必要的条件。

2. 宏观特征

采用脉冲等离子弧增材制造单道多层钛合金零件,由图 5.29 脉冲等离子弧增材制造零件截面可知,主要的宏观特征包括两个方面:① 原始 β 晶粒;②经过多层沉积后组织中出现的水平层束。为了研究这两个典型部分的特征,分别进行了晶粒尺寸的统计及水平层束分布统计分析。

(1)原始 β 晶粒生长特征。

对脉冲等离子弧增材制造单道多层零件原始 β 晶粒演变进行分析,如图 5.30 所示。为了定量衡量晶粒在沉积过程的演变规律,采用《金属平均晶粒测定方法》(GB/T 6394—2002) 的截点法[103],测定沉积不同层薄壁零件的晶粒宽度。沉积不同单道多层零件纵剖面的宽度不一致,规定选用成形中部作为统一测量区,分别测量 3 次取平均值,获得平均截距,即为原始

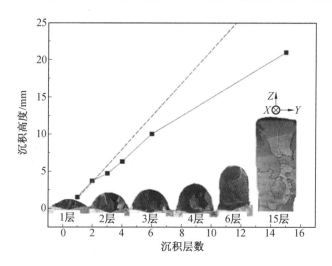

图5.29　脉冲等离子弧增材制造零件的层高

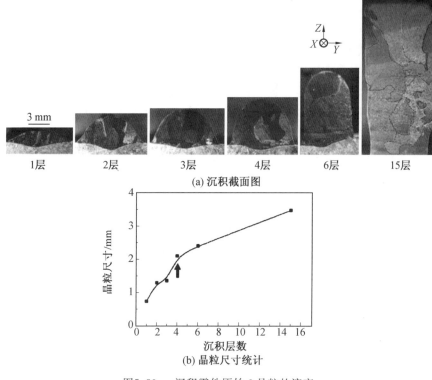

(a) 沉积截面图

(b) 晶粒尺寸统计

图5.30　沉积零件原始 β 晶粒的演变

β晶粒的宽度。单次平均截距统计方法所得晶粒截距的平均值可表示为

$$\bar{l} = \frac{L}{M \times P} \tag{5.10}$$

式中，L 为所使用的测量线段长度，mm；$\bar{l}$ 为试样检验面上晶粒截距的平均值；M 为观察时的放大倍数，试验中采用 1 倍观察；P 为测量线段的截点数。由所测得的数据获得原始 β 晶粒尺寸的生长规律，图 5.30(b)所示为晶粒尺寸统计。由图 5.30 可知，沉积零件组织为粗大的原始 β 晶粒，沉积一层形成的晶粒尺寸最细小且呈窄长状，晶粒宽度约为 0.74 mm，其原因是第一层靠近基板，在凝固的过程产生大的过冷梯度，促使原始 β 晶粒外延生长至顶部。

随着沉积层数增加，外延晶粒生长效应减弱，在中部区可见晶粒呈现竞争生长，并伴有近等轴状原始 β 晶粒出现，如图 5.30(a)所示。进一步沉积，当沉积第 4 层时，晶粒较前 3 层明显长大，并且原始 β 晶粒生长方向发生偏移，晶粒宽度约为 2 mm。多道沉积后，零件顶部可见粗大的原始 β 晶粒，在整个沉积截面($X－Z$ 面)，晶粒出现断续生长，晶粒尺寸达到3.47 mm，并在大晶粒中部可见小的等轴晶。

(2)层束组织分布特征。

宏观层束组织采用晶粒测量方法(平均截距法)进行测试。图 5.31 所示为沉积 4 层、6 层及 15 层后显微组织的水平层束演变。由图可知，水平层束首次出现在沉积 4 层后。沉积 6 层后，整个沉积截面($X－Z$ 面)仅观察到一条水平层束。经 15 层沉积后，可见其上分布不同宽度的水平层束组织，如图 5.31(c)所示。从分布距离情况看，沉积 4 层的水平层束距离部分熔化区 0.87 mm。随着不断的沉积，沉积 6 层后，可见层束距离基底部分熔化区至 1.39 mm。沉积 15 层后，水平层束距离基底部分熔化区与6 层一致，如图 5.31(d)所示。由沉积 15 层的整个沉积截面($X－Z$ 面)水平层束分布可知，底部区层束间距较窄，平均距离为 0.49 mm；沉积零件中部区水平层束间距为 0.98 mm；沉积零件上部水平层束平均距离为2.46 mm；顶部未出现水平层束组织。

综上所述，由不同沉积层显微组织层束演变可知，第一层束距离部分熔化区随着沉积层束增加而增大。沉积 6 层后，层束距离趋于稳定。多道沉积后，水平层束间距随沉积高度不断增大，并且水平层束越靠近沉积上部区，水平层束之间距离波动越大；特别地，顶部沉积层并未出现水平层束组织。

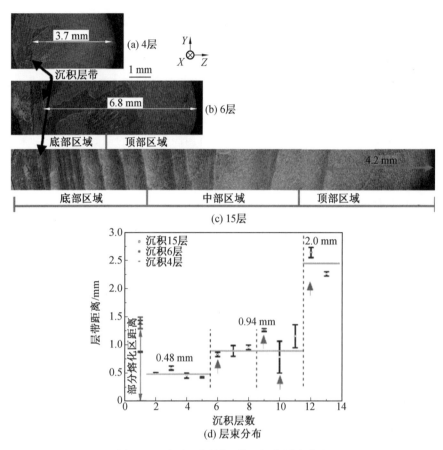

图5.31　　沉积不同层显微组织的层束演变

3. 显微组织特征

　　Ti－6Al－4V 钛合金是典型的双相钛合金,依据体心立方相(β)及密排六方相(α)的尺寸大小及排列方式,可将双相组织分为马氏体组织、魏氏体组织及具有网篮特征的魏氏体组织[104]。按照常温下形成 α 相的不同形态及出现的方式,α 相可分为初生 α、次生 α、晶界 α、球状、针状 α 及片状 α[105]。在平衡态下,组织成片状分布。经热处理后,不同组织以粗、细程度定性地区分组织。不同热源沉积零件,其组织生长规律不同,脉冲等离子弧增材制造钛合金以高能等离子束作为热源,即温度场快速移动逐层堆积成形零件,组织处于非平衡态并且在重复热循环条件下,所形成的组织复杂。为了研究脉冲等离子弧增材制造钛合金组织演变规律,分别以组织演变、原始 β 晶粒生长、片层组织生长、特殊的水平层束组织及相生长的空间位向为对象,进行显微组织分析并采用电子背散射的方法进行统计分析。

采用《金属平均晶粒测定方法》(GB/T 6394—2002) 的截点法测量晶粒尺寸、片状距离及晶粒边界层厚度,特别地,针对原始 β 晶粒测量,分别进行 0°、45° 及 90° 三个方向测量并取平均值。

(1) 组织演变特征。

采用脉冲等离子弧增材制造单道多层零件,研究其组织的演变规律。图 5.32 所示为沉积不同层零件中部区的显微组织。

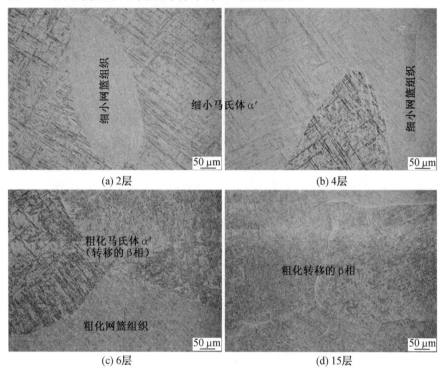

图5.32　沉积不同层零件中部区的显微组织

一般情况下,马氏体 α' 及网篮组织在光学显微镜下能够分辨出,马氏体组织呈现矩形网格状结构,而网篮组织相互交叉呈现网状结构[104]。由图 5.33 可知,在光学显微镜下观察,组织呈现矩形网格状,沉积层的主要组织为马氏体组织;光亮部分组织为网篮组织。沉积 4 层后,组织为细针状马氏体组织和网篮组织。随着沉积层增加,沉积第 6 层后,零件中部区组织明显粗化,部分马氏体区矩形网格特征弱化,网篮组织相比于前 4 层组织明显粗化,表现为组织呈灰暗。沉积 15 层,马氏体组织及网篮组织基本没有明显特征。作者认为,此时在多道重复热循环环下,马氏体组织分解更为充分,马氏体没有明显特征,此时组织可称为转变 β 组织。

　　为了进一步分析增材制造零件的组织演变,分别取不同层零件不同区域显微组织特征进行 SEM 分析。由图 5.34 沉积零件的高度变化可知,1～4 层沉积层高度为 1.5～6.3 mm,高度相差不大,不同区域热影响效果不明显,分别取沉积 1 层、2 层、3 层及 4 层的零件中部区域观察。沉积 6 层后沉积层高度近 10 mm,分别取零件底部及上部两部分观察;沉积 15 层后,整体零件沉积层高度为 21 mm,分别取零件中部及上部不同的显微组织(马氏体组织及网篮组织)进行观察。

　　由图 5.33 不同沉积层零件的不同区域 SEM 显微组织特征可知,沉积组织演变主要有两方面特征:① 片层状组织厚度的变化;② 纳米尺度弥散分布的相析出。沉积 4 层后,组织呈 α 片层状,而 1～3 沉积层片层状组织不明显。随着沉积层的逐渐增加,沉积 6 层 α 片层宽度与 4 层大致相同,如图 5.34 所示。对比 6 层底部区及上部区图 5.33(e) 和(f),底部片层宽度大于顶部片层宽度。经沉积 15 层后,片层厚度不断增大,同一横向对比,网篮组织片层较马氏体片层厚,如图 5.33(g) 和(h) 所示。特别地,经过纵向截面对比,中部片层距较顶部片层宽,如图 5.33(g)～(j) 所示。由图 5.33(a)～(c) 可知,α 片层组织特征不明显,主要是因为 1～3 层马氏体受热不充分。为了了解各沉积层的变化情况,分别统计 4 层、6 层及 15 层 α 片层的宽度,由图 5.34 可知,沉积小于 6 层的 α 片层宽度基本保持在 0.55 μm 左右,15 层中部及上部的 α 片层宽度明显增大(约为 1.35 μm),顶部 α 片层的宽度较中部 α 片层的宽度降低了约 0.9 μm。

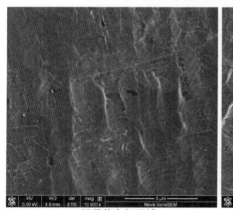
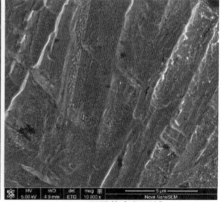

(a) 1层零件中部区域　　　　　　　　　(b) 2层零件中部区域

图5.33　不同沉积层零件的不同区域 SEM 显微组织特征

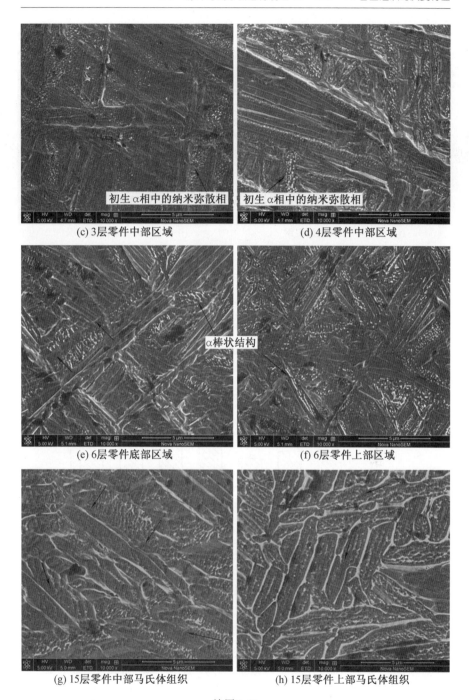

(c) 3层零件中部区域   (d) 4层零件中部区域

(e) 6层零件底部区域   (f) 6层零件上部区域

(g) 15层零件中部马氏体组织   (h) 15层零件上部马氏体组织

续图5.33

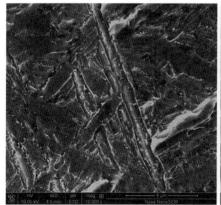 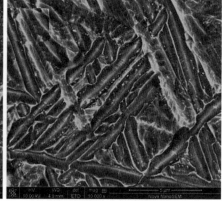

(i) 15层零件中部网篮组织　　　　　　　(j) 15层零件上部网篮组织

续图5.33

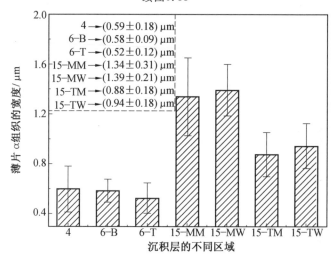

图5.34　不同沉积层 α 片层的宽度

B— 底部；T— 顶部；MM— 中部转变马氏体组织；MW— 中部网篮组织；

TM— 顶部转变马氏体组织；TW— 顶部网篮组织

组织中弥散分布的纳米尺度析出相的演化规律与片层规律一致。第一层未见明显的析出相，沉积 2 层后，可见出现大量细小的纳米相。作者认为前一道受后一道沉积的热影响，马氏体组织受热分解成弥散析出纳米次生 α 相。随着沉积层数的不断增加，纳米次生 α 相不断长大，次生 α 相生长成长杆状或连续或断续，并沿着初生片状 α 相生长，如图 5.33(a) ～ (j) 所示。对比沉积 6 层的底部及上部，底部区次生 α 相明显多于顶部区的次生 α 相，进一步证实，在受多道重复热影响下，纳米次生 α 相不断长大。从

次生 α 相析出数量上看,值得注意的是在经过15层沉积后,顶部区域次生 α 相不如6层的数量多,但其片层状厚度较低沉积层数的厚,如图5.33(g)～ (j)所示。

(2)原始 β 晶界的生长特征。

图5.35所示为不同沉积层零件不同区域 SEM 下原始 β 晶界的生长特征,沉积2层后相邻晶界呈极细片状,随着沉积层的增加,原始 β 晶界逐渐变宽且晶界边界厚度增大;另一方面,沉积不同层零件的原始 β 晶界具有集束 α 特征,沉积2层后集束 α 片层组织不明显;沉积4层后,集束 α 中垂直晶界生长 α 片层,集束区 α 片层间距尺寸大致相同,并随着沉积层增加,片层边变厚。为了了解不同沉积层 β 晶界尺寸的变化情况,分别统计4层、6层及15层的 α 片层宽度。由图5.36可知,沉积2层的晶界宽度为

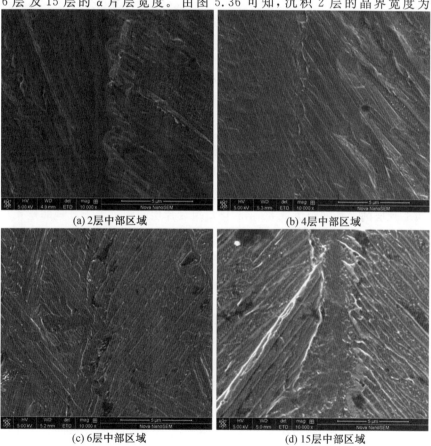

(a)2层中部区域　　　　　　　(b)4层中部区域

(c)6层中部区域　　　　　　　(d)15层中部区域

图5.35　不同沉积层零件不同区域 SEM 下原始 β 晶界的生长特征

0.15 μm；沉积 4 层后晶界厚度增宽至约为 0.52 μm；沉积 6 层的晶界厚度约为沉积 4 层晶界厚度的 2 倍（约为 1.06 μm）；沉积 15 层原始 β 晶界的宽度约为 2.63 μm，且标准误差显著增加。

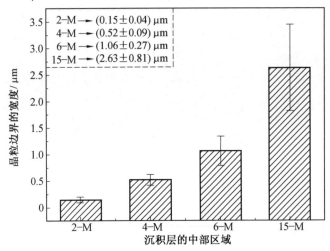

图5.36　不同沉积层中部区域的原始 β 晶界宽度（M 为沉零件中部区间）

（3）层束组织演变。

为研究不同沉积层零件中部区域的集束 α 演变，分别取层束区中部区域进行观察，如图 5.37 所示。经 OM 及 SEM 观察，沉积 4 层的层束区并不明显。进一步观察沉积 6 层的组织，层束组织具有典型的集束 α 特征，且集束 α 片层的平均间距为 0.65 μm，该集束 α 片层间距稍大于其他非层束区的 α 片层间距（0.55 μm）。

4. 空间位相关系

（1）组织空间位相。

对于钛合金材料，晶体的位向关系可以描述不同相的生长，依据图示描述不同取向分布的 α 及 β 生长关系和分布情况。通常原始 β 晶界邻近存在具有平行片层 α 相，形成一个具有相同取向的 α 晶粒，如集束区 α。通过研究空间位相的生长关系，了解相分布、大小及相在空间的位置，揭示相生长关系。采用 EBSD 技术，研究不同沉积层组织的演变，主要包含两方面内容：① 非层束区的组织生长位向关系；② 层束区的组织生长位向关系。

经沉积 15 层后，可见重复水平层束区组织分布的零件截面。为了了解层束组织空间的位相演变，对比分析沉积 6 层初次形成层束区组织位向及沉积 15 层后第一层束的取向，研究层束及非层束区组织的演变规律。

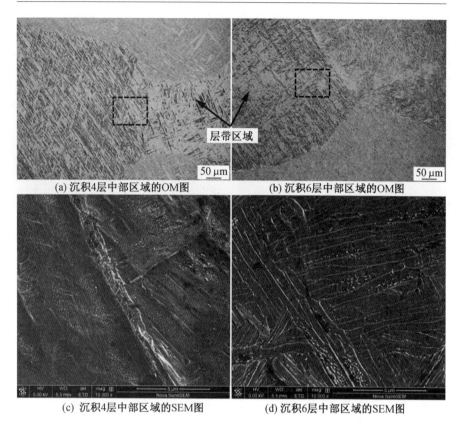

(a) 沉积4层中部区域的OM图　　　　　(b) 沉积6层中部区域的OM图

(c) 沉积4层中部区域的SEM图　　　　(d) 沉积6层中部区域的SEM图

图5.37　　不同沉积层零件中部区域的集束 α 演变

图 5.38 及图 5.39 所示分别为该区层束(Layer Band,LB) 区的 EBSD 分析。

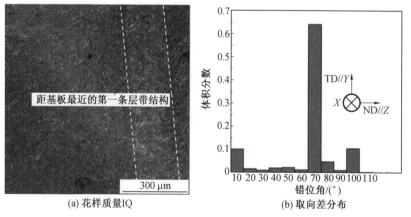

(a) 花样质量IQ　　　　　　　　　(b) 取向差分布

图5.38　　沉积 6 层第一层束(LB) 区的 EBSD 分析

161

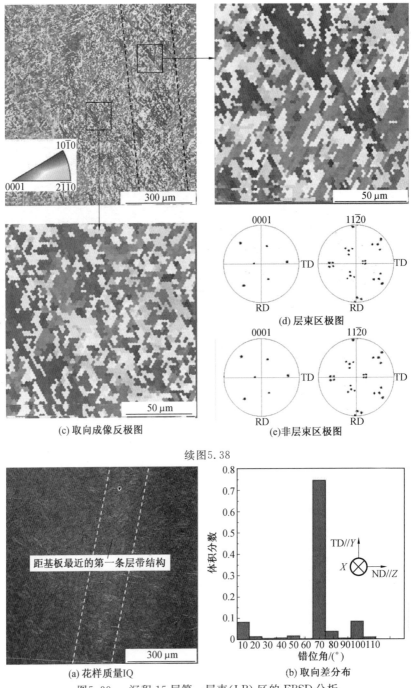

(c) 取向成像反极图

(d) 层束区极图

(e) 非层束区极图

续图5.38

(a) 花样质量IQ

(b) 取向差分布

图5.39　沉积 15 层第一层束(LB) 区的 EBSD 分析

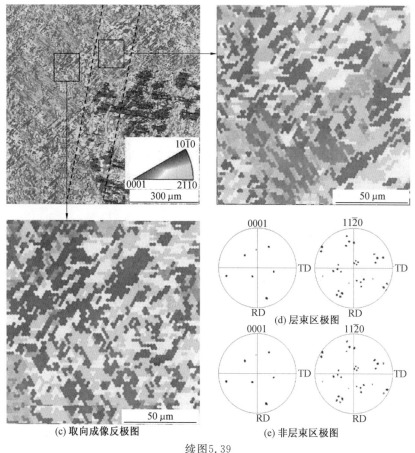

续图5.39

由图 5.38(b) 可知，整个区间取向角度差值位于 59.85° 左右的占
64.1％，而对于沉积 15 层零件(图 5.39(b))，其取向角度差值位于 59.85°
左右的占 74.4％，取向角度差值规律一致，层束数量比 6 层中层束数量
多。极图表示相在某一视角下空间位向的位置，由于密排面最容易滑移，
因此以{0001} 及{11$\bar{2}$0} 为 α 相的密排面进行观察。图 5.38(d) ～ (e) 及图
5.39(d) ～ (e) 分别为 6 层及 15 层束区及层束外不同区域的极图。由极图
可知，各个区域的晶体位置基本一致，主要区别在于各位置数量上的变
化。{0001} 生长的晶体稍远离该方向，说明并未完全垂直于{0001} 生长；
另一方面，取向主要呈四边形或菱形状，呈对称分布。沉积 6 层及 15 层都
具有以上两个特征，且组织演变特征规律一致，仅存在数量上的不同。在
相同的晶面族下，集束区的数量高于非层束区的数量，而 15 层的沉积数量

高于 6 层的沉积数量。

（2）α/β 相分布。

Ti－6Al－4V 合金是典型的 α＋β 相组织，在快速冷却的梯度条件下形成马氏体组织，固溶大量的合金元素，经重复热循环产生两种方式转变[106]：①α′→β$_{亚}$＋α′$_{贫}$→β$_{亚}$＋α→α＋β；②α′→α$_{亚}$＋α′$_{富}$→β$_{亚}$＋α′$_{贫}$→α＋β。其中，β$_{亚}$ 为亚稳定的 β 相，贫、富分别表示稳定元素的贫化或者富集。

层束组织为典型的集束 α 特征，且集束 α 片的平均间距为 0.65 μm，该集束 α 片的间距稍大于其他非层束 α 片的间距（0.55 μm）。整个集束区 α 片间距为 3.2～8.6 μm。

图 5.40（a）～（d）所示为不同沉积层（6 层及 15 层）第一层束（LB）区晶粒度的 EBSD 分析，沉积 6 层后，3 μm 尺寸的晶粒增多，且在 20～30 μm 范围的晶粒数量多于沉积 6 层的相应数值。作者认为经历多层沉积后，组织有新的片层生长并且相互位向一致的片层形成大尺度的集束区。如图 5.40（e）和（f）所示，经脉冲等离子弧沉积的不同沉积层 β 相体积分数较低，其中沉积 6 层后，β 相的体积分数为 8.1％，沉积 15 层后 β 相的体积分数为 4.7％，数量上减少近 40％，作者认为在重复热循环下，两相的体积分数相差过大，组织仍处于非平衡态。由图 5.40（e）和（f）可知 β 相主要位于层束下方，即靠近基体的位置分布，由双相钛合金 Ti－6Al－4V 两种转变机制可知，冷却梯度及热循环次数与 β 相的体积分数有直接关系，当底部冷却梯度大时，马氏体组织的体积分数大，此外，在受多道重复条件的情况下，β 相分解从而质量分数会增加。

5. 显微硬度分布

图 5.41（a）所示为沉积层显微硬度分布测试不同区域的硬度值。对比不同沉积层发现，沉积 1 层区硬度不高，经沉积 3 层后硬度提高近HV18，提高幅度达 5％。在沉积 6 层后达到最大为 HV368，高于沉积15 层零件的平均硬度值 HV351；并且随着沉积层积累，15 层硬度标准误差值增加。观察沉积 15 层整个截面，硬度基本倾向平衡，在顶部区间呈现下降趋势。

5.3.3　TC4 合金的组织生长机制与性能研究

1. 非平衡热输入对组织生长的影响

（1）原始 β 晶粒生长机制。

脉冲等离子弧增材制造 Ti－6Al－4V 合金不同沉积层零件的原始 β

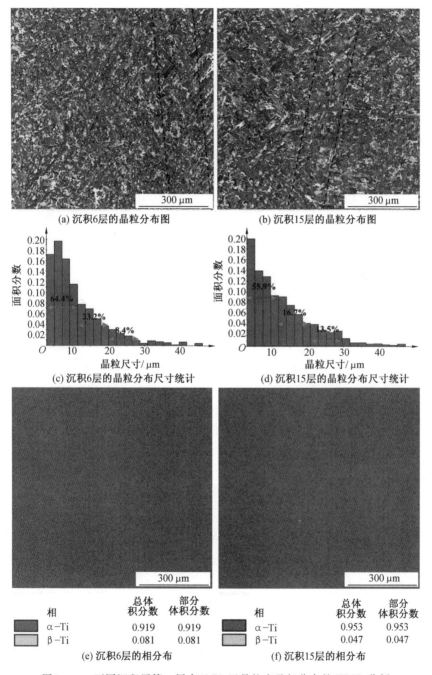

(a) 沉积6层的晶粒分布图　　　　　　(b) 沉积15层的晶粒分布图

(c) 沉积6层的晶粒分布尺寸统计　　　(d) 沉积15层的晶粒分布尺寸统计

相	总体积分数	部分体积分数
α－Ti	0.919	0.919
β－Ti	0.081	0.081

(e) 沉积6层的相分布

相	总体积分数	部分体积分数
α－Ti	0.953	0.953
β－Ti	0.047	0.047

(f) 沉积15层的相分布

图5.40　不同沉积层第一层束(LB)区晶粒度及相分布的 EBSD 分析

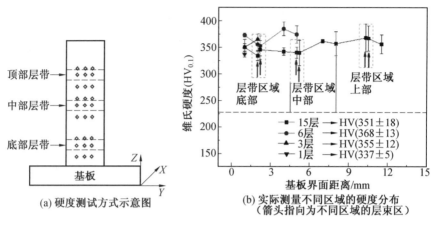

图5.41　不同沉积层的显微硬度分布

晶粒呈现多尺度形状,生长方向同增材高度方向并穿过多道沉积层,具有相似的原始 β 晶粒生长特征,可见于激光直接制造及电子束增材制造的钛合金[107-108]。经过多道沉积,脉冲等离子弧增材制造合金的晶粒纵横比小于前两者高能束增材钛合金的晶粒纵横比。分析原因主要有以下方面:

①Ti－6Al－4V 凝固相变区间相当窄,大约为 5 K[109],促进外延形核生长并迅速凝固,形成单方向生长。冷却梯度增大,晶粒纵横比增加,柱状晶呈细长形,甚至贯穿于整个零件的生长[107]。激光及电子束的能量密度高于等离子弧的相关量,等离子弧柱中心能量传输到熔覆材料面时能量接近激光能量下限,达到 16 000 ～ 24 000 K,该能量高于钨极气体保护焊(GTAW/TIG)[110] 的能量。相对于更高能量束的激光及电子束,适中能量密度的等离子弧具有减弱外延生长动力的特性,同时等离子弧成形钛合金零件的精度高于钨极气体保护焊制备零件的精度。

②成分过冷区域为凝固界面前沿液相中实际温度 T_q 低于合金平衡凝固温度 T_0 的区域。合金在凝固过程中,固液界面的推进靠成分过冷提供动力,依据界面扰动机制,界面扰动过程中驱动力 f' 受液相温度梯度及热通量温度梯度的影响,即[111]

$$f' = \Delta S_f \left(\frac{dT_1}{dZ} - \frac{dT_q}{dZ} \right) \tag{5.11}$$

式中,成分过冷度 $\Delta T = \frac{dT_1}{dZ} - \frac{dT_q}{dZ}$;$\frac{dT_1}{dZ}$ 为液相线的温度梯度;$\frac{dT_q}{dZ}$ 为热通量施加的温度梯度;ΔS_f 为单位体积熔化熵。在增材制造过程中,热通量与晶粒生长方向相反,取值为负。另外,在脉冲等离子弧增材制造过程中,液面波动受热源脉冲的影响,增加外在温度梯度,设脉冲引起的液面波动温度梯度为$\dfrac{dT}{dZ}$,因脉冲液面扰动驱动,增加液面波动形成正梯度。所以,液面扰动驱动力 f' 为

$$f' = \Delta S_f \left(\frac{dT_1}{dZ} - \frac{dT_q}{dZ} + \frac{dT}{dZ} \right) \tag{5.12}$$

液面扰动波长 λ 描述为与热扩散场和溶质扩散场相适应的临界扰动,即[111]

$$\lambda = 2\pi \left(\frac{\Gamma}{\varphi} \right)^{\frac{1}{2}} \tag{5.13}$$

式中,Γ 为 Gibbs－Thomson 系数;φ 为液相线温度梯度与热通量施加的温度梯度的差值,计入脉冲的影响温度梯度,即 $\dfrac{dT_1}{dZ} - \dfrac{dT_q}{dZ} + \dfrac{dT}{dZ}$。

在增材制造过程中,靠近基板为三维散热,冷却梯度大,随着沉积高度增加,增材零件散热变为二维散热方式,循环热输入沉积过程,固液界面冷却梯度降低。即在液面推进过程中,过冷度逐渐降低,这主要是由于凝固界面前沿液相中实际温度升高,如图 5.42 所示。

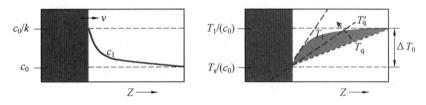

图5.42 合金固液界面的成分过冷

图 5.42 中 c_0 为平衡固相的溶质浓度,c_1 为固液界面的溶质浓度,k 为溶质分配系数,T_1 为液相线温度,T_s 为固相界面温度,Z 为增材高度,T_q' 为多道沉积界面的实际温度。由图 5.42 可知,随着多道沉积后界面的实际温度升高,过冷度区域的面积逐渐变小,提供液面扰动的驱动力下降。当多道沉积界面的实际温度升高与固液界面切线方向的温度降低处于动态平衡时,即 $\dfrac{dT_1}{dZ} = \dfrac{dT_q}{dZ}$,界面扰动生长主要靠脉冲波动驱动,此时,由式(5.13)可知,液面波长最大。由图 5.30 可知,沉积 6 层后整个沉积面出现大尺度的柱状晶,且晶粒并未沿着零件中部生长,作者认为该层热量积累最大。继续沉积至 15 层,其顶部出现粗大的平行生长的柱状晶。

综上所述,靠近基板区域,散热方式为三维传热,冷却梯度大,固液界

面推进快,从而导致柱状晶贯穿生长至顶部。过冷度大,液面波长小,而液面波动大,造成局部温度变大,在脉冲作用及重复沉积过程中,促进了新的形核,经过沉积 3 层后在中部区可见近等轴状晶粒(图 5.30)。随着沉积高度增加,基板与沉积零件温度达到平衡,沉积层传热相当于二维传热,即 $X-Z$ 面。进一步沉积,热量累积增加,液面波动的动力不够,形成的新核沿着热流反方向生长,冷却梯度降低,晶粒生长变缓,晶粒向同一个方向的外延生长受到抑制,主要受脉冲频率的扰动作用,并在液面扰动下形核,沿着热流传输的相反方向,各晶粒之间沿着晶体学确定的择优取向生长并竞争长大,产生了粗大的柱状晶(见图 5.30 中的 4 层组织),并在晶粒中部出现近等轴晶粒;经沉积 15 层零件的中部及顶部整个横向截面只包含 2～3 个粗大的柱状晶粒(见图 5.30 中的 15 层组织)。钛合金相变凝固区间 (ΔT) 对脉冲等离子弧增材制造原始 β 晶粒生长的影响如图 5.43 所示[112]。

(2)组织生长机制。

经脉冲等离子弧增材制造的 Ti-6Al-4V 合金单道多层零件,其组织组成为马氏体组织及具有片状网篮特征的魏氏体组织。经重复沉积后,由于受热循环的影响,初始组织受热粗化,沉积 15 层后典型马氏体针状特征变得模糊,网篮组织受热粗化。根据 T. Ahmed 的研究,从固溶温度 1 050 ℃ 冷却至室温,冷却速率大于 410 ℃/s,形成全片状马氏体组织;在冷却速率为 410～20 ℃/s 时,形成马氏体＋魏氏体混合组织;当冷却温度小于20 ℃/s 时,形成的是全魏氏体组织;当以 15 ℃/s 冷却时,形成的是全片状魏氏体组织,如图 5.44 所示[113]。

由脉冲等离子弧增材制造 Ti-6Al-4V 合金的组织为马氏体＋魏氏体混合组织,组织的形成和演变受沉积热输入、多道重复热循环及冷却速率等方面的影响。初步预估冷却速率为 410～20 ℃/s。为了确定凝固组织的冷却速率,采用 Rosenthal 公式[114]进行计算,为此,需要假设:① 沉积过程为稳态热传导;② 忽略熔化热;③ 物理参数恒定;④ 工件表面没有热损失;⑤ 沉积过程溶池中没有对流。

计算方法为

$$\frac{2\pi(T-T_0)kR}{Q}=\exp\left(\frac{-v(R-x)}{2\alpha}\right) \tag{5.14}$$

式中,T 为温度;T_0 为沉积前基板或前一道温度;Q 为热输入;v 为焊接速度;k 为热导率;R 为原点的径向距离,即等温线 T 的半径为 $(x_2+y_2+z_2)^{\frac{1}{2}}$;$x$ 为参考点;α 为热扩散率。

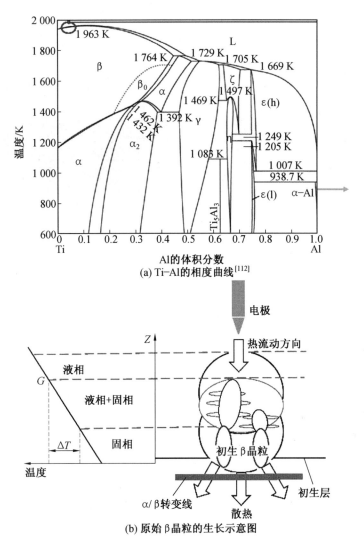

(a) Ti-Al的相度曲线[112]

(b) 原始 β 晶粒的生长示意图

图5.43　钛合金相变凝固区间对脉冲等离子弧增材制造原始 β 晶粒生长的影响

为了计算 Z 方向的冷却速率,假设 $R=x=Z$,Z 方向的冷却速率的计算公式为

$$\left(\frac{\partial T}{\partial t}\right)_z = \left(\frac{\partial T}{\partial Z}\right)_t \left(\frac{\partial Z}{\partial t}\right)_T = -2\pi kv \frac{(T-T_0)^2}{Q} \qquad (5.15)$$

刚开始沉积第一层时,基板温度 T_0 为常温(设为 25 ℃);每沉积一层需要等到前一层达到稳定温度,高于 300 ℃ 后成形零件表面容易氧化,为此设置每一层温度 T_0 为 200 ℃;对于其他参数,$k=27$ J/mK,焊接速度为

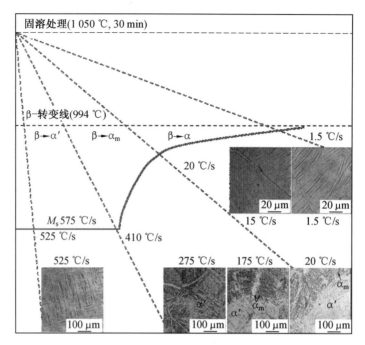

图5.44　钛合金 Ti－6Al－4V 冷却曲线

0.25 m/min。为了对比图 5.44 的冷却曲线,由于沉积过程是从液态逐渐冷却至要求温度,因此设初始温度 T 为 1 050 ℃,$Q=\eta I_{av}U$,其中 $U=22$ V,$\eta=0.8^{[115]}$,平均电流 I_{av} 为

$$I_{av}=I_{p}D_{cy}+I_{b}(1-D_{cy}) \tag{5.16}$$

式中,峰值电流 I_{p} 为 250 A;基值电流 I_{b} 为峰值电流 I_{p} 的 40%;占空比 D_{cy} 为 37%。计算得到 $I_{av}=155.5$ A。

　　由式(5.15)及式(5.16)计算可得:第一层的冷却速率为 270 ℃/s,随后沉积冷却速率降为 186 ℃/s。整个沉积零件的冷却速率为 270 ~ 186 ℃/s,位于 410 ~ 20 ℃/s 区间,所以,脉冲等离子弧增材制造 Ti－6Al－4V 合金零件的组织为马氏体及网篮组织。

2.次生 α 相的相变动力学

　　使用脉冲等离子弧增材制造的方法制备 Ti－6Al－4V 合金不同沉积层的零件,前沉积层组织受后沉积层重复热处理的影响,马氏体分解形成稳定或亚稳定的沉淀相,其相变趋势为 $\alpha' \rightarrow \alpha+\beta$。经多层沉积后,沉积零件中部 α 片层间距较宽,顶部区较窄;另外,沉积零件顶部 α 片层厚度大于中部区片层厚度。由图 5.30 晶粒度分布可知,经沉积 15 层后,因热积累效应促进了晶粒的粗化,说明热输入量增加,顶部区片层间距较窄,片层宽度较厚。作者认为主要原因是片层间距宽度受多道热循环影响,多道热循环促进了马氏体分解,次生 α 相扩散时间长,随着沉积增加,片层间距宽度增大;另外,在沉积层不厚的条件下,重复热循环不足,冷却梯度较大,在多道热循环下纳米尺度次生 α 相析出;随着沉积层增加,热积累效应增加,零件顶部区热输入量大,导致冷却梯度减小,马氏体分解加速,次生 α 相短时间内扩散至初生 α 片层上,进而粗化了初生 α 片层,表现为上部及顶部片层厚于底部区片层。由此,片层组织及次生 α 相的析出方式可能为:

① 在较快的冷却梯度条件下,次生 α 相以纳米相析出受多道热循环影响,扩散时间长,沿着片层方向生长。在充分的热循环处理下,由晶核生长成连续的杆状次生 α 相,并最终沿着初生片层生长形成次生片层组织。

② 在较慢的冷却梯度条件下,次生 α 相以纳米相析出,马氏体加速分解,片层组织边界的自由能量低,次生 α 相快速扩散至边界,沿着片层生长,片层间距变宽且片层厚度增大。

③ 在非初生片层组织区,即片状组织相交部位,次生 α 相垂直于片层方向生长,并在多道重复热循环下,受热粗化。

晶界上的原子排列不规则、有畸变,从而使系统的自由能 ΔG 增大。经沉积多层后,原始 β 晶界集束 α 相明显,如图 5.33 所示。由过冷度 ΔT 与形核功 ΔG^* 的关系可知

$$\Delta G^* = \frac{16}{3}\gamma_{LS}^3 \left(\frac{T_m}{\Delta T \Delta H_m}\right)^2 \tag{5.17}$$

式中,γ_{LS} 为液固界面能;T_m 为熔点温度;ΔH_m 为熔点焓值。

由式(5.17)可知,过冷度 ΔT 越大,形核功 ΔG^* 越小,次生相越容易形核。该式只在均匀形核下适用,但可以定性描述形核功与过冷度的关系,所以,脉冲等离子弧增材制造 Ti－6Al－4V 合金的不同零件时,小于 4 层的组织弥散分布细小的次生 α 相。由于 Ti－6Al－4V 合金在成形过程中有较大的冷却梯度,可形成马氏体组织和魏氏体组织,晶粒及晶粒之间形成较多的非平衡缺陷,所以,在多道热循环条件下,相变驱动非均质形核析出次生相。

为了进一步确定在相同过冷度条件下的非均匀形核位置,分别考虑晶内、晶界面、晶界线及晶界角,如果设晶粒直径为 d,晶界厚度为 δ,每个原子位置占的体积为 V,则对于每个晶粒,其晶内、晶界面、晶界线及晶界角的形核位置数目比为

$$d^3/V : d^2\delta/V : d\delta^2/V : \delta^3/V \tag{5.18}$$

将图 5.34 及图 5.44 获得的数据代入式(5.18),可得表 5.15 中的形核位置数目比。由表 5.15 可知,在同一沉积层上,次生相形核位置依据晶界维度数下降而下降,即依据形核功下降而次生相形核位置数目随之下降。从不同沉积层比较,随着过冷度的减小,相同位置的形核数目也呈下降趋势。

表 5.15　不同形核位置数目结果

沉积层	晶粒直径 d /mm	晶界厚度 $\delta/\mu m$	形核位置数目比
4	2	0.5	$64 \times 109 : 16 \times 106 : 4 \times 103 : 1$
6	2.5	1	$15 \times 109 : 6 \times 106 : 3 \times 103 : 1$
15	3.5	2.5	$3 \times 109 : 2 \times 106 : 1 \times 103 : 1$

小角晶界和滑移带处具有较高的位错密度,这是因为结构上平衡态 α/β 相界是由位错构成的,界面能大幅降低;另外,在平衡态时,溶质原子偏聚在位错线上形成 Cottrell 气团。由此气团形成沉淀相的概率将比完整晶体中形成晶核的概率大,因此,滑移带以及滑移相交处是优先形核的位置[116]。

增材制造钛合金 Ti－6Al－4V 的沉积态为马氏体组织,如图 5.45 所示。α' 相存在大量的位错,所以形成 α 及 β 晶核所需克服的界面能大为降低。大量的位错分布在片层间,部分位错线沿着片层方向分布;在片层相交位置,位错密度增大。

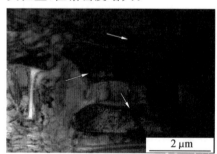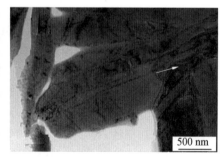

图5.45　沉积 6 层中部区域的 TEM 测试

由上述分析可知,马氏体组织受热循环而分解,次生相析出机制为:

① 沿着晶界生长,大晶粒晶界形核能低,析出相首先在热循环下形核生长。多道热循环促进集束生长,沿着密排面生长,增大溶质浓度,在一定的能量梯度下,浓度差增大,生长动力越强,沿同一个方向生长成集束组织。

② 晶界内弥散分布生长,具有下述特点:a. 片层中形核长大,冷却梯度

大,初生片消耗了一部分能量,但片层中仍旧积累的大量位错为形核提供了条件,由形核理论分析可知,在同等的热输入下,次生相最易在晶内形核长大;b.冷却梯度减少,扩散时间增加,传质成为主要形核动力,在片层上形核长大;c.马氏体组织较网篮组织中位错多,在冷却速率低的条件下,析出的弥散纳米次生 α 相多且在片层间析出相增多;随着冷却梯度减小,溶质传输因为在位错处受阻碍,在同样的热输入条件下,即低的冷却梯度下,网篮片层厚度大于马氏体组织厚度,如 15 层中部组织及上部组织区所示;d.在马氏体组织区可见,片层交叉部位存在部分次生 α 相垂直片层生长。由于片层相交生长区,位错基于相交片层畸变倾向方向扩展,总位错线向能量薄弱方向生长,因此产生垂直于其中一片层区生长的现象。次生 α 相形核的长大机制如图 5.46 所示。

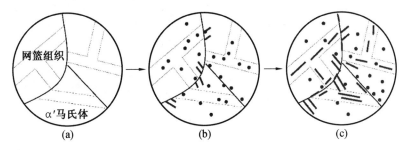

图5.46　次生 α 相形核的长大机制

3.层束组织演变动力学

如图 5.31 所示,经 4 层沉积后,可见不完全水平层束区组织;而沉积 6 层后,可见完全的水平层束组织,且与半熔化区底部位置距离增大;随后沉积15 层,单道多层水平层束距离半熔化区高度一致,且在多道沉积顶部未见水平层束,说明水平层束主要受多道热循环的影响且与受热时间及重复次数有关。中部受热循环充分且中部可避免基板影响到中部水平层束,取沉积 15 层零件组织的中部区域进行研究。

图 5.47 所示为沉积15 层零件中部层束区的X射线衍射及能谱分析的结果。利用 SEM－BSE 模式,对整个水平层束区进行分析,并未见浓度的偏析现象;通过 EDS 分析,水平层束区成分在标准的范围内;通过对水平层束区组织上部、层束区及下部显微组织的观察,水平层束明显具有集束组织特征,而其他区域未见相同特征,层束底部次生 α 相较层束上部及层束区的次生 α 相多,层束区的次生 α 相最少。由此可知,水平层束区不同区域的3部分在成分上是一致的,主要体现在组织结构不同。如图 5.45 及图

5.47 所示,除了在晶界边界可见集束组织,在层束区亦可见典型的集束组织,且集束组织在马氏体组织区更容易出现。这主要因为根据次生 α 相的长大机制,在位错大、界面能低的位置容易形核。

设热输入在沉积方向 Z 的热量传输距离为 δ,由式(5.15)及式(5.16)计算可得:第一层冷却速率 v 为 270 ℃/s,沉积的整个零件的冷却速率处于 270 ～ 186 ℃/s,由此估算层束的演变规律。令 Z 方向为能量传递方向,热扩散率(α)为 $8.3×10^{-6}$ m²/s[117]。设 T_{m} 为液相线温度(1 600 ℃),T_0 分

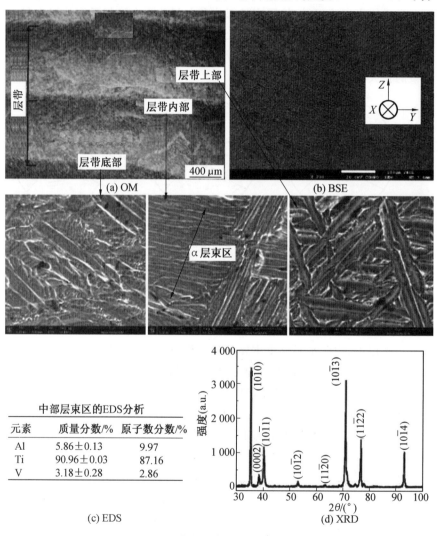

中部层束区的EDS分析

元素	质量分数/%	原子数分数/%
Al	5.86±0.13	9.97
Ti	90.96±0.03	87.16
V	3.18±0.28	2.86

(c) EDS

(d) XRD

图5.47 沉积 15 层零件中部层束区的 X 射线衍射及能谱分析的结果

别设为 β 转变线温度($T_\beta = 995$ ℃)以及再结晶温度区间 $T_{re} = 830 \sim$ 535 ℃[118]。采用式(5.19)计算组织受热循环影响的距离 δ：

$$\delta = (T_m - T_0)/v \tag{5.19}$$

其计算结果见表 5.16。

表 5.16 多道沉积层组织受热循环影响的距离

冷却速率 /(℃ · s^{-1})		受热循环影响的距离 δ/mm		
		$T_\beta = 995$ ℃	$T_{re1} = 830$ ℃	$T_{re2} = 535$ ℃
沉积层冷却速率	270	4.3	4.8	5.7
	186	5.2	5.9	6.9
预测冷却速率	150	5.8	6.5	7.7
	100	7.0	8.0	9.4
	50	10.0	11.3	13.2
	20	15.8	17.8	21.1

如图 5.47 所示,层束区大致宽度为 0.58 mm,统计得到沉积 4 层后,第一层束距离顶部的距离为 3.7 mm,若加上层束宽度区距离,则为 4.28 mm(约为 4.3 mm),该区域为 α+β 相变区;随着沉积高度增加,沉积 6 层后,第一层束距离顶部变为 6.8 mm(图 5.31(b)),加上层束宽度区距离后为 7.38 mm,冷却梯度约为 100 ℃/s。另外,如图 5.31(d)所示,底部区域的层束之间距离为 0.48 mm,与靠近基板冷却速率所得的距离大致相同,即 $T_\beta - T_{re1} = 0.5$ mm;若按照冷却梯度 100 ℃/s 计算,$T_\beta - T_{re1} = 1.0$ mm,与沉积 15 层零件中部层束距离基本一致(0.94 mm),由此可知,中部冷却速率减少至 100 ℃/s。所以,作者认为 α+β 相变区为成形水平集束的有效区域,即冷却温度在 α+β 区停留造成集束的生长,生长的程度由循环周次决定,即温度提供热力学条件,$t(T_\beta - T_{re1})$ 处理时间反映了组织生长的动力学条件。考虑到实际产生的误差,主要原因可能是采用 Rosenthal 公式假设边界条件进行计算。

综上所述,层束组织经过多道热循环,在 α+β 区分解产生方向一致的片状次生 α 相并形成集束,在光学条件下显示为层束区。另外,由于脉冲等离子弧能量输入作用半径与成形宽度大致相当,所以成形横向方向热量一致,在同一水平面上形成水平层束区组织。对该水平层束区组织进行 XRD 分析可知,α 相主峰生长强度最大为(1010)面,该面为 α 相最易滑移面;由于原始晶粒生长方向平行于沉积热流方向。所以,次生相析出沿着晶体的滑移面生长。

如图 5.48 所示，α′马氏体受多道热循环影响，分解为片状组织，为了描述方便且能够与初始网篮组织区分，统一称为名义马氏体组织。另一方面，箭头为热流动方向，为了对比不同组织的变化强弱，用（＋）、（0）和（－）分别代表组织的分布程度多、分布一般和分布程度少。

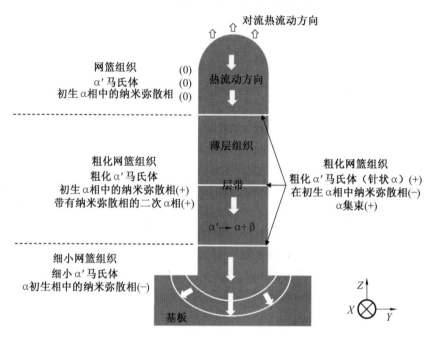

图5.48　脉冲等离子弧增材制造钛合金零件的组织演变

4. 空间位向生长机制

由图 5.48 及图 5.49 可知，沉积零件组织在极图上具有两个特征：① 各个区域的晶体位向基本一致，主要区别在于各位置数量上的变化，晶体稍远离中心方向生长，并未完全垂直于{0001}生长；② 取向{11$\bar{2}$0}上主要呈现四边形或菱形，呈对称分布。由晶粒分布可知，经历多层沉积后，在组织中出现新的片层，并且位向一致的片层相互融合，最终形成大尺度的集束区。

图 5.49 所示为{11$\bar{2}$0}等高线极图及{0001}和{110}等高线极图。由{11$\bar{2}$0}等高线极图可知，取向{11$\bar{2}$0}上主要呈现四边形或菱形状特征，在等高线极图中显示为同一晶面族下不同的位向晶面，分析认为该部分是在相转变过程中由同一晶面形成。由图 5.49(b) 可见{0001} // {110}，组织

相变遵从 Burgers 关系,即符合{0001} // {110} 和〈1120〉 // 〈111〉。依据 Burgers 关系,一个体心立方晶胞可以有 12 种可能的相变方式,首先相变通常是沿着密排面方向发生转变,所以对于体心立方有 6 {110}×2〈111〉=12 种的可能方式,母晶面{110} 转变成晶粒生长基面{0001},而且{0001} 为密排六方晶体的密排面,其容易滑移的方向为 3 个〈1120〉,其不同位向的差值为 60°,所以,根据晶体生长机理,当不同位向晶面共用一个晶轴〈1120〉生长时,在极图上表现为四边形或菱形状特征。

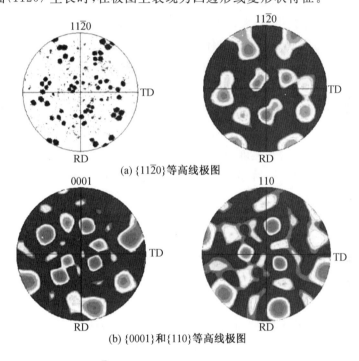

(a) {1120}等高线极图

(b) {0001}和{110}等高线极图

图5.49 {1120} 等高线极图及{001} 和{110} 等高线极图

5. 显微组织对硬度的影响

硬度是指金属在表面上不大的体积内抵抗变形或破裂的能力,即在一定程度上表征了裂纹扩展的难易。不同组织决定了不同的力学性能,晶粒尺寸越细小,其力学性能越高。本章研究的脉冲等离子弧增材制造钛合金零件的组织为马氏体及网篮组织,并在多层沉积下组织析出次生 α 相,次生 α 相在连续的重复热循环下形核生长成片状组织,最终形成集束组织。所以,析出的次生相与滑移位错的交互作用机制影响零件的综合力学性能。

根据 Hall－Petch 理论得到材料强度与晶粒尺寸之间的关系,即细晶强化强度 YS_G 与尺寸的关系式:

$$YS_G = k_y D^{\frac{1}{2}} \tag{5.20}$$

式中,D 为有效晶粒尺寸;k_y 为比例系数。

有效晶粒尺寸是指材料对位错滑移运动起阻碍作用而使之产生位错积塞的界面所构成的最小晶粒大小。所以,对于钛合金而言,有效晶粒尺寸为片状 α 相集束的尺寸大小。另外,合金材料中的第二相具有强化作用,分为切过机制及 Orowan 绕过机制。本章析出的次生相为 $\alpha + \beta$ 相,由于 β 相的质量分数很小,大约在 4%,因此暂不予以探讨。而次生 α 相与母相 α' 马氏体组织属于相同的晶体密排六方结构,析出方式为共格析出机制且 α 相软相,可认为强化作用由第一类切过机制所决定,即通过阻碍滑移位错的运动而产生强化作用,其强度增量 YS_{pc} 与第二相体积分数 f 和次生相尺寸 d 存在如下关系[119]:

$$YS_{pc} \propto f^{1/2} d^{\frac{1}{2}} \tag{5.21}$$

由式(5.21)可知,强度增量与第二相体积及尺寸成正比。对比不同沉积层发现,在沉积 6 层后零件的显微硬度达到最大值(HV368),沉积大于 15 层零件的平均显微硬度值为 HV351;同时,沉积 6 层之前的零件显微硬度值大约为 HV18。沉积 6 层之后,随着沉积层数增加,零件的显微硬度标准误差值增大。观察沉积 15 层零件的整个截面,硬度基本倾向平衡,在顶部区间呈现下降趋势,而脉冲等离子弧增材制造 Ti－6Al－4V 多层薄壁零件组织为全片状组织。G. Lutjering 研究表明,对于片状组织力学性能影响最大的因素为集束 α 的大小,集束 α 组织的大小决定了片状结构中的有效滑移长度,集束 α 越大,滑移长度越长,表现在力学性能上为强韧性越差[120]。集束 α 组织取决于片层间的距离,即相同集束组织在晶体学上生长的片层都具有相同的位向。对于初期沉积层,冷却速率大,重复热循环时间短,马氏体完全分解转变为 β 组织,表现在初生片间距较宽,片间距中次生 α 相尺寸较小,如图 5.33(a)和(b)所示。沉积 4～6 层之后次生 α 相逐渐析出长大,集束 α 组织片层距离较小,体积分数增大。沉积 15 层之后,片层间距增大,但是次生 α 相继续长大,体积分数增大,顶部区间热积累严重,晶粒尺寸及片层间距增大,由于没有持续的循环热输入,因此次生 α 相的体积分数减小。

综上所述,沉积初期由于受热循环不充分,次生相长大尺寸及体积较小,表现为显微硬度值较小。随着沉积的增加,当沉积 6 层时显微硬度值达到峰值,此时的次生相及集束组织中片层间距较小,显微硬度值增大;连续沉积,集束组织中片层间距受更多热积累影响,片层间距增大,显微硬度值减小;沉积顶部区未受到持续的循环热影响,次生相体积较小,硬度值减小。

第6章　等离子弧熔覆再制造技术的典型应用案例

6.1　引　言

采用自行研制的等离子弧熔覆再制造系统,通过熔覆再制造工艺对受损装备零件表面进行等离子弧熔覆再制造,不仅能够实现报废零部件的再利用,更能够提高装备零件的服役性能,达到节能减排并符合节约型社会的要求。基于上述目的,小型零件以损伤汽车发动机的排气门为示范零件,对其磨损失效的密封锥面进行了等离子弧粉末熔覆再制造;大型零件以发动机缸体为示范零件,对其止推面进行了等离子弧熔覆再制造工艺研究和试验,并对再制造后的零件进行了组织性能分析。

6.2　排气门等离子弧熔覆再制造

W615型发动机排气门在发动机工作时,其工作环境非常恶劣,发动机排气出口温度达到 600 ℃,其阀部处在高达 800 ℃ 以上的燃气中,因而在制造过程中气阀的头部选用了 X60CrMnMoV 马氏体钢,杆部采用了X45CrSi93 钢,在阀锥面采用等离子喷涂硬质合金(也称为司太立合金),气阀头部使用摩擦焊焊接在杆部上。在发动机工作时,排气门交替处于打开和闭合状态,当排气门闭合时,会与发动机缸体产生刮擦,造成磨损,达到一定程度时会导致排气门与缸体闭合不严,从而发生漏气。因此发动机排气门的主要失效原因是在高温状态下,排气门与气缸座发生刮擦,使排气门密封锥面产生磨损。

利用粉末等离子弧熔覆再制造制备的合金具有特有的耐磨性、耐蚀性和耐热性能,尤其是钴基合金粉末等离子弧堆焊展现出良好的应用前景。以等离子弧作为热源,具有能量密度高、热输入量低、稀释率低等优点,正成为当今的研究热点。针对排气门密封锥面要求既耐高温又耐磨的工况要求,选择使用等离子弧熔覆再制造技术来实施排气门的再制造。根据排气门锥面熔覆再制造后的尺寸要求,优化排气门等离子弧熔覆再制造的工艺参数,并对熔覆再制造后的排气门进行了组织分析和性能测试。

6.2.1 试验条件及试验方法

1.试验条件

试验所使用的等离子弧熔覆再制造系统与第5章使用的系统基本相同。其中等离子弧电源、等离子喷枪和运动控制模块完全为本实验室自主研发,设备的工艺性能达到并超过国内先进水平。待再制造的排气门为中国重汽集团济南复强动力有限公司提供的斯太尔汽车W615型发动机排气门。

等离子电源使用MOSFET管作为开关元件,具有很高的开关速度,保证开关电源具有良好的动态调节特性,在进行等离子弧作业时保证了电弧的高度稳定。它分为维弧电源和主弧电源两部分,主弧电源提供工件与焊枪之间的电弧,维弧电源引燃钨极和喷嘴之间的引导电弧,增大电弧空间的带电离子气氛的浓度,从而引燃主电弧。

运动控制模块包括两轴步进电机、两轴安川伺服电机和PLC控制模块。步进电机和安川伺服电机的组合使用在保证整体精度的同时节省了经费。PLC是一种可靠性和抗干扰能力很强的工业控制模块,我们通过PLC编程实现对等离子堆焊枪的位置运动进行控制,采用继电器输出的接口单元,实现对送粉器、冷却系统等部分的控制。PLC控制系统采用彩色液晶触摸屏进行操作,提高了系统的易用性,从而实现四自由度操作机和转台控制,控制原理如图6.1所示。

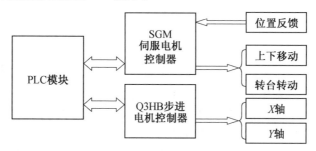

图6.1 控制原理示意图

使用低转速高精度送粉器,送粉精度为±2%,以保证在等离子弧熔覆再制造工艺中,低速送粉的稳定性能。图6.2所示为等离子弧熔覆再制造系统。

针对排气门密封锥面耐高温、耐磨损、承受冲击载荷的工况要求,选择

图6.2　等离子弧熔覆再制造系统

北京矿冶研究院生产的 ST6 钴基合金粉末作为熔覆再制造材料,该粉末为典型的 CoCrW 合金粉,粉末粒径为 $5 \sim 200\ \mu m$,其成分见表 6.1。

表 6.1　ST6 钴基合金粉末成分

元素	Cr	W	C	Ni	Si	B	Co
质量分数 /%	30	4.5	1	3	1.4	—	60.1

2. 试验方法

等离子弧熔覆再制造试验在送粉方式上采用喷嘴外部送粉,避免了喷嘴内部送粉所造成的送粉口堵塞的问题。排气门采用紫铜底座顶端压紧环形卡具,在保证良好散热的同时,既保证了固定的紧密性,又保证了拆卸时的方便性。环形底盘对称分布 4 个紫铜底座,在电机带动下可以同步旋转,其工装卡具如图 6.3 所示,当完成一个气门的堆焊时,卡具旋转 90°,再开始进行下一个气门的熔覆再制造。

等离子弧熔覆再制造工艺试验通过研究熔覆再制造电流、排气门转动角速度及送粉速率等焊接参数对成形层几何形状的影响,确定了最佳的等离子弧熔覆再制造参数。对于熔覆再制造后的试样,选取截面进行了试样镶嵌,并经砂纸研磨、抛光及王水腐蚀液腐蚀后,使用光学显微镜对其进行了金相组织观测;采用维氏硬度计测量了成形层的维氏硬度值;采用纳米压痕仪对成形层横截面的弹性模量及维氏硬度值等进行了测量。再制造后的排气门又经过后续加工,进行了进一步的测试与检验。工艺试验过程

图6.3 排气门熔覆再制造的工装卡具

的原理图如图 6.4 所示。

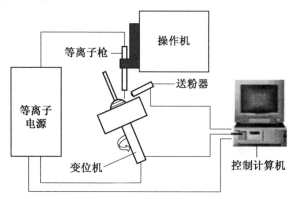

图6.4 工艺试验过程的原理图

6.2.2 工艺参数优化

等离子弧熔覆再制造的工艺参数包括等离子弧电流、排气门旋转角速度和送粉速率。我们做了大量的试验来研究这些工艺参数对成形层几何形状的影响。基本工艺参数见表 6.2。

表 6.2 基本工艺参数

排气门角速度 /(r·min⁻¹)	成形电流 /A	弧长 /mm	电极材料	电极直径 /mm	氩气流量 /(L·min⁻¹)
$0.57 \sim 0.8$	$30 \sim 40$	3	钨极	3.2	5

6.2.3　排气门成形层的组织分析

按照优化后的工艺参数,采用等离子弧熔覆再制造工艺,制备了排气门成形层试样,沿成形层纵断面用电火花线切割取样,试样经打磨、抛光后,采用王水(浓盐酸与浓硝酸的体积比为3∶1)作为浸蚀液进行浸蚀。

观察图6.5及图6.6所示的成形层各区域的显微组织特征,在结合界面及成形层底部组织,没有明显的平面晶存在,主要是由于气门基体体积小,在等离子弧熔覆再制造工艺中,由于电弧热输入量比较小,而且熔池与基体结合时基体散热条件差,因此达不到形成平面晶的条件。

在成形层底部,熔合线界面处的组织表现为方向性极强的胞状晶、柱状晶垂直于界面生长,且组织粗大。随着与结合面距离的增大,胞状晶变得越来越细小,在成形层中部,形成了相对细小和分布均匀的胞状树枝晶。到了成形层近表面,晶粒表现为更加细小的树枝晶,图6.6所示为排气门成形层不同区域的 SEM 图像。

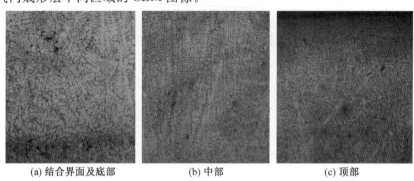

(a) 结合界面及底部　　　　(b) 中部　　　　(c) 顶部

图6.5　排气门成形层不同区域的光学显微照片

通过图6.5及图6.6可以看出,成形层组织呈现出垂直结合界面沿温度梯度方向生长的特点,具有定向快速凝固的特征。由凝固理论可知,结晶参数(温度梯度与凝固速率或结晶速率的比值 G/R)决定凝固组织的形貌。由于晶体生长的最优方向总是与温度梯度(即散热的方向)相反,在熔池底部,主要是通过未熔化的基体材料散热,故熔池底部胞状晶结晶的方向一般垂直于熔合线,沿着温度梯度方向择优生长。当其他方向的晶粒长大到一定程度后,就会遇到择优生长的晶粒阻碍而不能继续长大,只剩下晶轴垂直于界面、沿择优方向生长的晶粒能继续定向地向液体金属长大,从而获得定向凝固的柱状树枝晶组织。随着液固界面的不断推进,液相中温度梯度不断降低,结晶速率越来越大,造成树枝晶逐渐细化;在熔池上部,由于熔池中散热条件改变,既可以通过基体

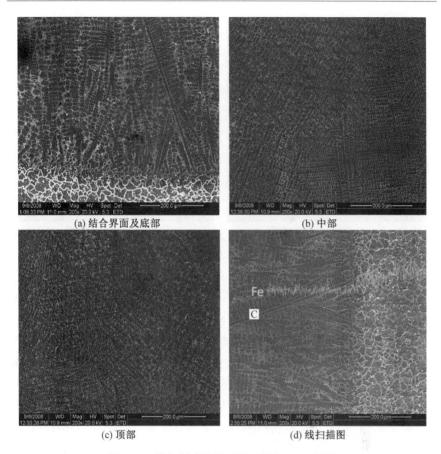

(a) 结合界面及底部　　　　　　(b) 中部

(c) 顶部　　　　　　　　(d) 线扫描图

图6.6　排气门成形层不同区域的 SEM 图像

传导散热,又可以通过周围空气介质辐射和对流散热,此时熔池中成分过冷度很大,熔池中液态金属形核率高,所以树枝晶晶粒更加细小。为了进一步说明成形层顶部和中部的组织形态,采用1 600 倍放大倍数的 SEM 图像对其进行分析,组织结构如图 6.7 所示。

　　由图 6.7 可以看出,在成形层中部,仍然能够看到沿温度梯度方向生长的枝晶,而在成形层顶部树枝晶已经不明显,取而代之的是等轴晶,强化相沿晶界分布,形成网状组织结构。成形层顶部的等轴晶在力学性能上能够提高零件的韧性,改善零件的强度。

　　图 6.6(d) 所示为成形层与基体结合界面的线扫描图,可以看出,在熔合线部位,Fe 元素与 C 元素的质量分数分布均发生了突变,从质量分数分布来看,除了在熔合线位置,C 元素向基体的渗透并不是很明显,说明成形层的稀释率比较低。图 6.8 所示为成形层热影响区及基体组织的 SEM 照

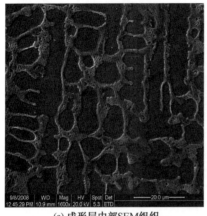 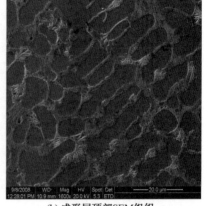

(a) 成形层中部SEM组织　　　　　　　　(b) 成形层顶部SEM组织

图6.7　成形层 SEM 组织分析(1 600×)

片,可以看出靠近焊缝的基体晶粒尺寸比远离焊缝基体的晶粒尺寸大,这是由于在热影响区内,靠近焊缝的基体接受的热量多,温度升高快,在高温下晶粒相互吞并,晶界迁移导致晶粒粗化。

图 6.9 所示为成形层 A、B 区域物质的能谱分析,对图 6.8 所示的 SEM 图中的黑色区域 A 和白色的区域 B 进行能谱分析,可以看出 B 区的 Cr、W 的质量分数明显小,而 Co 元素的质量分数很大,在 46% 左右,明显高于其在 A 区的 31.29%。 而且 B 区 Ni 的质量分数较大,在 A 区没有 Ni 元素存在。 B 区组织为 Co 中溶入 Cr、Ni 所形成的固溶体,为成形层的基体材料,而 A 区则是一些碳化物硬质相(WC、Cr_7C_3、$Cr_{23}C_6$) 以及一些鱼骨状的共晶化合物,这些组织提高了成形层的硬度和耐磨性,但也增加了成形层的脆性和裂纹敏感性。

6.2.4　成形层性能测试

为了正确反映成形层不同区域的硬度值,在同一区域至少取 3 个点进行维氏硬度测量,并取其平均值,测量时沿着成形层的中线使用 HVS－1000 数显维氏硬度计进行测试,其测试结果见表 6.3。 由表 6.3 可看出,在过渡区维氏硬度值为 HV473.4。成形层硬度沿成形层底部到中部逐渐增加,成形层中部的硬度值为 HV527.2,到成形层顶部时维氏硬度达到最大值,为 HV657.8。 根据测量结果得到硬度分布的矩形图,如图 6.10 所示。

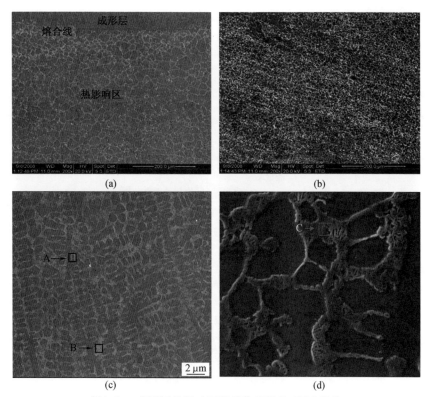

图6.8 成形层热影响区及基体组织的 SEM 照片

表 6.3 维氏硬度测量值

区域	硬度			
	HV1	HV2	HV3	平均值
基体	330.48	340.57	367.68	346.2
过渡区	492.57	471.04	479.20	473.4
成形层中部	537.83	525.75	517.92	527.2
成形层顶部	665.58	643.89	663.8	657.8

以上硬度测试表明,沿着基体向成形层的表层,成形层的维氏硬度值逐渐增大。成形层含有 WC、Cr_7C_3 等强化相,提高了成形层的硬度,但由于成形层各区域在凝固时的散热条件不同,因而形成了不同的组织形态,以及成形层各区域硬度值的差异。在成形层的中上部及表层,成形层直接与空气接触散热较慢,而且在结晶时成分的质量分数较大,结晶时的形核点增多。

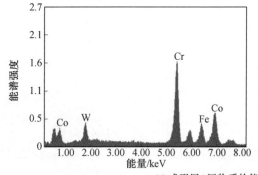

元素	质量分数/%	原子数分数/%
CrK	36.42	43.81
FeK	15.37	17.21
CoK	31.29	33.22
WL	16.92	5.76

(a) 成形层A区物质的能谱分析

元素	质量分数/%	原子数分数/%
WL	1.34	2.66
CrK	21.88	23.49
FeK	21.06	21.04
CoK	46.15	43.71
NiK	9.58	9.10

(b) 成形层B区物质的能谱分析

图6.9　成形层 A、B 区域物质的能谱分析

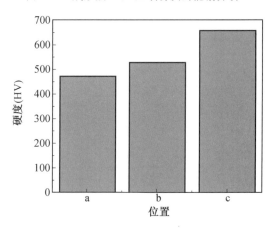

图6.10　硬度分布矩形图

6.2.5 成形层的后加工

经等离子弧熔覆再制造后的气门,要首先用机床进行初步的机械加工,在成形层表面车出锥面形状,该工序主要是为了方便排气门的磨床操作,延长磨床砂轮的使用寿命。使用车床初步加工成形层表面,如图6.11所示;机械加工后再用专用的气门磨床进行密封锥面的磨削加工,直至加工出规定的尺寸。

图6.11 成形层的车削加工

如图6.12所示,对已经车出锥面形状的成形层进行磨削加工,直至其满足尺寸要求;最后经过专用量具检验排气门杆部的圆跳动,检测等离子弧熔覆再制造对零件几何变形的影响。图6.13所示为气门杆端面的跳动测量。

6.2.6 发动机排气门等离子弧熔覆再制造的结果分析

(1)通过使用不同工艺参数对成形层几何形状影响的研究,优化了排气门等离子弧熔覆再制造的工艺参数:熔覆再制造电流为30 A,排气门旋转速度为0.67 r/min,送粉速率为1.9 g/min。

(2)成形层的微观组织金相分析显示,在成形层及与基体的界面没有出现任何缺陷。沿熔合区到成形层表层,成形层表现为胞状晶/柱状晶混合晶、相对细小和均匀的胞状树枝晶以及细小的树枝晶结构。能谱分析表明,成形层主要由Co溶入Cr、Ni形成的固溶体组成,其间弥散分布着一些碳化物硬质相(WC、Cr_7C_3和$Cr_{23}C_6$)以及一些鱼骨状的共晶化合物。

(3)成形层在顶部具有最大的维氏硬度值,其维氏硬度值沿熔合区方

图6.12　磨削工序

图6.13　气门杆端面的跳动测量

向逐渐减小，平均维氏硬度值达 HV552.8，能够满足排气门的使用要求（HV399）。

　　（4）研究表明脉冲等离子弧熔覆再制造技术能够实现排气门的再制造，有着广阔的应用前景。

参考文献

［1］胡桂平,王树炎,徐滨士.绿色再制造工程及其在我国应用的前景［J］. 华电技术,2001,23(6):33-35.

［2］徐滨士,梁秀兵,李仁涵.绿色再制造工程的进展［J］.中国表面工程, 2001,14(2):1-5.

［3］徐滨士.装备再制造工程的理论与技术［M］.北京:国防工业出版 社,2007.

［4］徐滨士.发展再制造工程促进循环经济建设［J］.中国设备工程, 2005(2):4-5.

［5］XU B S,MA S N,LIU S C,et al. Remanufacturing engineering in 21st Century［J］. China Mechanical Engineering,2000(21):36-39.

［6］颜永年,张伟,卢清萍,等.基于离散／堆积成型概念的RPM原理和发 展［J］.中国机械工程,1994(4):64-66.

［7］史耀武.成型焊接快速零件制造技术的发展［J］.中国机械工程, 1994(6):1-2.

［8］KEICHER D.Beyond rapid prototyping to direct fabrication: forming metallic hardware directly from a CAD solid model［J］. Materials and Processing Report,1998,13(1):5-7.

［9］MILEWSKI J O,LEWIS G K,THOMA D J,et al. Directed light fabrication of a solid metal hemisphere using 5-axis powder deposition［J］.Journal of Materials Processing Technology,1998, 75(1-3):165-172.

［10］李鹏.基于激光熔覆的三维金属零件激光直接制造技术研究［D］.武 汉:华中科技大学,2005.

［11］黄卫东.激光立体成形［M］.西安:西北工业大学出版社,2007.

［12］DOMACK M S,TAMINGER K M,BEGLEY M.Metallurgical mechanisms controlling mechanical properties of aluminium alloy 2219 produced by electron beam freeform fabrication［J］. Materials

Science Forum,2006,519:1291-1296.

[13] JANDRIC Z,LABUDOVIC M,KOVACEVIC R. Effect of heat sink on microstructure of three-dimensional parts built by welding-based deposition[J]. International Journal of Machine Tools and Manufacture,2004,44(7):785-796.

[14] GRIFFITH M L,SCHLIENGER M E,HARWELL L D,et al. Understanding thermal behavior in the LENS process[J]. Materials and Design,1999,20(2):107-113.

[15] RICHARD M. Directed light fabrication[J]. Advanced Materials and Processes,1997,151(3):31-33.

[16] JOSEPHM C. Advances in power metallurgy processing[J]. Advanced Materials and Processes,1999,156(3):33-36.

[17] ABBOTTD H,ARCELLA F G. Laser forming titanium components[J]. Advanced Materials and Processes,1998,154(5):29-30.

[18] BI G J,GASSER A,WISSENBACH K. Characterization of the process control for the direct laser metallic powder deposition[J]. Surface and Coatings Technology,2006,201(6):2676-2683.

[19] MAZUMDER J,DUTTA D,KIKUCHI N,et al. Closed loop direct metal deposition:art to part[J]. Optics and Lasers in Engineering, 2000,34(4-6):397-414.

[20] 熊新红,张海鸥,罗继相. 等离子熔积直接成形 GH163 高温合金零件组织研究[J]. 中国机械工程,2009,20(6):733-736.

[21] 王华明,张凌云,李安,等. 先进材料与高性能零件快速凝固激光加工研究进展[J]. 世界科技研究与发展,2004,26(3):27-31.

[22] 向永华,徐滨士,吕耀辉,等. 基于等离子熔覆快速成形零件的组织与性能[J]. 焊接学报,2009,31(9):49-52.

[23] ZHONG M L,LIU W J,NING G Q,et al. Laser direct manufacturing of tungsten Nickel collimation component[J]. Journal of Materials Processing Technology,2004,147(2):167-173.

[24] KASSMAUL K,SCHOCH F W,LUCKNOW H. High quality large

components shape welded by a SAW process[J]. Welding Journal, 1983(9):17-24.

[25] MCANINCHM D,CONRARDY C C. Shape melting a unique near-net shape manufacturing process[J]. Welding Review International,1991,10(1):33-40.

[26] IRVING B. How those million-dollar research projects are improving the state of the arc of welding[J]. Welding Journal, 1993,72(6):61-65.

[27] OUYANGJ H,WANG H,KOVACEVIC R. Rapid prototyping of 5356-aluminum alloy based on variable polarity gas tungsten arc welding process control and microstructure[J]. Materials and Manufacturing Processes,2002,17(1):103-124.

[28] YANG S Y,HAN M W,WANG Q L. Development of a welding system for 3D steel rapid prototyping process[J]. China Welding, 2001,10(1):50-56.

[29] 胡瑢华. 基于 TIG 堆焊技术的熔焊成型轨迹规划研究[D]. 南昌:南昌大学,2007.

[30] WURIKAIXI A,ZHAO W H,LU B H,et al. Investigation of the overlapping parameters of MPAW-based rapid prototyping[J]. Rapid Prototyping Journal,2006,12(3):165-172.

[31] 艾依提,赵万华,卢秉恒,等. 基于微束脉冲等离子弧焊的快速成形系统中的搭接参数[J]. 机械工程学报,2006,42(5):192-197.

[32] SONGY A,PARK S,CHOI D,et al. 3D welding and milling:part I—a direct approach for freeform fabrication of metallic prototypes[J]. International Journal of Machine Tools and Manufacture,2005,45(9):1057-1062.

[33] SONGY A,PARK S,CHAE S W. 3D welding and milling:part II—optimization of the 3D welding process using an experimental design approach[J]. International Journal of Machine Tools and Manufacture,2005,45(9):1063-1069.

[34] YANG S Y,HAN M W,WANG Q L. Development of a welding system for 3D steel rapid prototyping process[J]. China Welding, 2001,10(1):50-56.

[35] YIN Y H,HU S S,ZHANG X B,et al. Effects of processing parameters on figuration during the GMAW rapid prototyping process[J]. China Welding,2006,15(4):30-33.

[36] WAHEED U H S,LI L. Effects of wire feeding direction and location in multiple layer diode laser direct metal deposition[J]. Applied Surface Science,2005,248(1-4):518-524.

[37] WANG H J,JIANG W H,OUYANG J H,et al. Rapid prototyping of 4043 Al-alloy parts by VP-GTAW[J]. Journal of Materials Processing Technology,2004,148(1):93-102.

[38] ZHANG Y M,LI P,CHEN Y,et al. Automated system for welding-based rapid prototyping[J]. Mechatronics,2002,12(1):37-53.

[39] RIBEIRO F,OGUNBIYI B,NORRISH J. Mathematical model of welding parameters for rapid prototyping using robot welding[J]. Science and Technology of Welding and Joining,2014, 2(5):185-190.

[40] HORII T,ISHIKAWA M,KIRIHARA S,et al. Development of freeform fabrication of metal by three dimensional micro-welding[J]. Solid State Phenomena,2007,127:189-194.

[41] TERAKUBO M,OH J,KIRIHARA S,et al. Freeform fabrication of Ti-Ni and Ti-Fe intermetallic alloys by 3D micro-welding[J]. Intermetallics,2007,15(2):133-138.

[42] KATOU M,OH JANGHWAN,MIYAMOTO Y,et al. Freeform fabrication of titanium metal and intermetallic alloys by three-dimensional micro-welding[J]. Materials and Design,2007, 28(7):2093-2098.

[43] TERAKUBO M,OH J,KIRIHARA S,et al. Freeform fabrication of titanium metal by 3D micro-welding[J]. Materials Science and

Engineering A,2005,402(1-2):84-91.

[44] 李超,朱胜,沈灿铎,等.焊接快速成形技术的研究现状与发展趋势[J].中国表面工程,2009,22(3):7-11.

[45] HEINL P,MÜLLER L,KÖRNER C,et al.Cellular Ti-6Al-4V structures with interconnected macro porosity for bone implants fabricated by selective electron beam melting[J].Acta Biomaterialia,2008,4(5):1536-1544.

[46] GE W,GUO C,LIN F.Effect of process parameters on microstructure of TiAl alloy produced by electron beam selective melting[J].Procedia Engineering,2014,81:1192-1197.

[47] 汤慧萍,王建,逯圣路,等.电子束选区熔化成形技术研究进展[J].中国材料进展,2015,34(3):225-234.

[48] 陈云霞,朱妙凤,芦凤桂.电子束快速成形温度场模拟[J].焊接学报,2009,30(4):33-37.

[49] 徐志鹏.Ti 及 Cr_3C_2 对等离子铁基合金堆焊层组织和性能的影响[D].安徽:安徽工业大学,2013.

[50] 张文钺.焊接冶金学[M].北京:机械工业出版社,1993:235-254.

[51] 李亚江.焊接组织性能与质量控制[M].北京:化学工业出版社,2004:87-97.

[52] 哈尔滨焊接研究所.焊接裂缝金相分析图谱[M].哈尔滨:黑龙江科学技术出版社,1981:121-158.

[53] 稀土在钢铁中的应用编委.稀土在钢铁中的应用[M].北京:冶金工业出版社,1987:200-202.

[54] 王晓敏.工程材料学[M].北京:机械工业出版社,1999:69-98.

[55] TIAN Y S,CHEN C Z,CHEN L X,et al.Effeet of Re oxides on the microstructure of the coatings fabricated on titanium alloys by laser alloying technique[J].Seripta Materialia.2006,54(5):847-852.

[56] 美国焊接学会.焊接手册(第一卷)[M].北京:机械工业出版社,1985:63-70.

[57] 黄乾尧,李汉康,陈国良,等. 高温合金[M]. 北京:冶金工业出版社, 2000:1-10.

[58] 冶军. 美国镍基高温合金[M]. 北京:科学出版社,1978:228-241.

[59] SHANKAR V,RAO K B S,MANNAN S L. Microstructure and mechanical properties of Inconel625 superalloy[J]. Journal of Nuclear Materials,2001,288(2-3):222-232.

[60] 庄景云. 变形高温合金 GH4169[M]. 北京:冶金工业出版社,2006.

[61] SONG K H,NAKATA K. Effect of precipitation on post-heat-treated Inconel625 alloy after friction stir welding[J]. Materials and Design,2010, 31(6):2942-2947.

[62] RAI S K,KUMAR A,SHANKAR V,et al. Characterization of microstructures in Inconel625 using X-ray diffraction peak broadening and lattice parameter measurements[J]. Scripta Materialia,2004,51(1):59-63.

[63] MATHEW M D,PARAMESWARAN P,RAO K B S. Microstructural changes in alloy 625 during high temperature creep[J]. Materials Characterization,2008,59(5):508-513.

[64] EVANSN D,MAZIASZ P J,SHINGLEDECKER J P,et al. Microstructure evolution of alloy 625 foil and sheet during creep at 750 ℃[J]. Materials Science and Engineering A,2008,498(1-2):412-420.

[65] RODRIGUEZR,HAYES R W,BERBON P B,et al. Tensile and creep behavior of cryomilled Inconel 625[J]. Acta Materialia, 2003,51(4):911-929.

[66] MATHEW M D,RAO K B S,MANNAN S L. Creep properties of service-exposed alloy 625 after resolution annealing treatment[J]. Materials Science and Engineering A,2004,372(1-2):327-333.

[67] ROSENTHAL D. The theory of moving sources of heat and its application to metal treatments[J]. Transactions of ASME,1946, 68(11):849-866.

［68］ 郭建亭,周兰章,秦学智. 铁基和镍基高温合金的相变规律与机理 [J]. 中国有色金属学报,2011,21(3):476-479.

［69］ 张文钺. 焊接冶金学[M]. 北京:机械工业出版社,1999.

［70］ 黄凤晓. 激光熔覆和熔覆成形的组织与性能研究[D]. 长春:吉林大学,2011.

［71］ ZHANG Q M,LIU X M,WANG Z D,et al. Theoretical analysis of covering rate for laser cladding by the powder feeding[J]. Journal of Iron and Steel Rsearch,2000,12(9):61-64.

［72］ 朱刚贤,张安峰,李涤尘,等. 激光金属制造薄壁零件 z 轴单层行程模型[J]. 焊接学报,2010,31(8):57-60.

［73］ 武传松. 焊接热过程与熔池形态[M]. 北京:机械工业出版社,2007.

［74］ MUGHAL M P,FAWAD H,MUFTI R. Finite element prediction of thermal stresses and deformations in layered manufacturing of metallic parts[J]. Acta Mechanica,2006,183(1-2):61-79.

［75］ 赵慧慧. GMAW 再制造多重堆积路径对质量影响及优化方法研究 [D]. 哈尔滨:哈尔滨工业大学,2012.

［76］ LIU F C,LIN X,HAN L,et al. Microstructural changes in a laser solid forming Inconel 718 superalloy thin wall in the deposition direction[J]. Optics and Laser Technology,2013,45:330-335.

［77］ KURZ W,GIOVANOLA B,TRIVEDI R. Theory of microstructural development during rapid solidification[J]. Acta Metall,1986, 34(5):823-830.

［78］ YAN W D,YANG A M,LIU H W,et al. Computational simulation of microstructure of K4169 superalloy during solidification process[J]. Spec Cast Non-Ferrous Alloys,2002,(4):26-28.

［79］ LIN X,YANG H O,CHEN J,et al. Microstructure evolution of 316L stainless steel during laser rapid forming[J]. Acta Metallurgica Sinica,2006,42(4):361-368.

［80］ HUNZIKER O. Theory of plane front and dendritic growth in multicomponent alloys[J]. Acta Materialia,2001,49(20):4191-4203.

［81］张文钺.焊接冶金学［M］.北京：机械工业出版社，1999.

［82］CLYNE T W，KURZ W. Solute redistribution during solidification with rapid solid state diffusion［J］.Metallurgical and Materials Transactions A，1981，12(6)：965-971.

［83］MATSUMIYA T，KAJIOK A H，MIZOGUCH I S，et al. Mathematical analysis of segregations in continuously-cast slabs［J］.Transactions of the Iron and Steel Institute of Japan，1984，24(11)：873-882.

［84］ASM International. Metal Handbook(Vol. 1)［M］.9th ed. ASM International：Metals Park，1990.

［85］GANESH P，KAUL R，PAUL C P，et al. Fatigue and fracture toughness characteristics of laser rapid manufactured Inconel625 structures［J］.Materials Science and Engineering A，2010，527(29-30)：7490-7497.

［86］LI R B，YAO M，LIU W C，et al. Effects of cold rolling on precipitates in Inconel 718 alloy［J］.Journal of Materials Engineering and Performance，2002，11(5)：504-508.

［87］REDDYG M，MURTHY V S C，RAO K S，et al. Improvement of mechanical properties of inconel 718 electron beam welds-influence of welding techniques and postweld heat treatment［J］.International Journal Advance Manufacturing Technology，2009，43(7-8)：671-680.

［88］赵卫卫，林鑫，刘奋成，等.热处理对激光立体成形 Inconel718 高温合金组织和力学性能的影响［J］.中国激光，2009，36(12)：3220-3225.

［89］盛钟琦，李卫军，王丛林.固溶处理时 Inconel 718 焊接试样中铌的扩散［J］.核动力工程，2003，24(3)：241-244.

［90］蔡大勇，张伟红，刘文昌，等. Inconel 718 合金中 δ 相溶解动力学及对缺口敏感性的影响［J］.有色金属，2003，55(1)：4-6.

［91］蔡大勇，张伟红，刘文昌，等. Inconel 718 合金中 δ 相溶解动力学［J］.中国有色金属学报，2006，16(8)：1349-1353.

［92］王岩，邵文柱，甄良. GH416 合金 δ 相的溶解行为及对变形机制的影

响[J].中国有色金属学报,2011,21(2):341-348.

[93] 缪竹骏.IN718系列高温合金凝固偏析及均匀化处理工艺研究[D].
上海:上海交通大学,2011.

[94] 李红梅,雷霆,方树铭,等.生物医用钛合金的研究进展[J].金属功能
材料,2001,18(2):70-73.

[95] 赵永庆,陈永楠,张学敏,等.钛合金相变及热处理[M].长沙:中南大
学出版社,2012.

[96] 赵永庆,陈永楠,张学敏,等.钛及钛合金金相图谱[M].长沙:中南大
学出版社,2011.

[97] MILLS K C. Recommended values of thermophysical properties for
selected commercialalloy[J]. Aircraft Engineering and Aerospace
Technology,2002(5):181-190.

[98] KAHVECIA I,WELSCH G E. Effect of oxygen on the hardness
and alpha/beta phase ratio of Ti-6Al-4V alloy[J]. Scripta
metallurgica,1986,20(9):1287-1290.

[99] KAHVECIA I,WELSCH G E. Hardness versus strength correlation for
oxygen-strengthened Ti-6Al-4V alloy[J]. Scripta metallurgica et
materialia,1991,25(8):1957-1962.

[100] MORRIA. Heat treatments of two-phase titanium alloys,correlations
between microstructure and mechanical properties[J]. Metallurgia
Italiana,2008(11-12):19-28.

[101] BOYERR R. An overview on the use of titanium in the aerospace
industry[J]. Materials Science and Engineering:A,1996,
213(1-2):103-114.

[102] HIRATAY. Pulsed arc welding[J]. Welding International,2003,
17(2):98-115.

[103] 中华人民共和国国家质量监督检验检疫总局. 金属平均晶粒度测定
方法:GB/T 6394—2002[S]. 北京:中国标准出版社,2002.

[104] SASTRY S M L,PENG T C,MESCHTER P J,et al. Rapid
solidification processing of Titanium alloys[J]. JOM,1983,

35(9):21-28.

[105] 中华人民共和国国家质量监督检验检疫总局. 钛及钛合金术语和金相图谱:GB/T 6611—2008[S]. 北京:中国标准出版社,2008.

[106] 赵永庆,陈永楠,张学敏,等. 钛合金相变及热处理[M]. 长沙:中南大学出版社,2012.

[107] WANG T,ZHU Y Y,ZHANG S Q,et al. Grain morphology evolution behavior of titanium alloy components during laser melting deposition additive manufacturing[J]. J. Alloys Compd,2015,632:505-513.

[108] HAIZEG,DIANA A L,RYAN R,et al,Effects of the microstructure and porosity on properties of Ti-6Al-4V ELI alloy fabricated by electron beam melting(EBM)[J]. Addit. Manuf. ,2016,10:47-57.

[109] LIN X,YUE T M,YANG H O,et al. Solidification behavior and the evolution of phase in laser rapid forming of graded Ti6Al4V-Rene88DT alloy[J]. Metallurgical and Materials Transactions A,2007,38(1):127-137.

[110] AIYITI W,ZHAO W,LU B,et al. Investigation of the overlapping parameters of MPAW-based rapid prototyping[J]. Rapid Prototyping Journal,2006,12(3):165-172.

[111] KURZW,FISHER D J. 凝固原理[M]. 李建国,胡侨丹,译. 北京:高等教育出版社,2010.

[112] ZHANG F,CHEN S L,CHANG Y A,et al. A thermodynamic description of the Ti-Al system[J]. Intermetallics,1997,5(6):471-482.

[113] AHMEDT,RACK H J. Phase transformations during cooling in $\alpha+\beta$ titanium alloys[J]. Materials Science and Engineer A,1998,243:206-211.

[114] ROSENTHAL D. The theory of moving sources of heat and its application to metal treatments[J]. Trans. ASME,1946,68(8):849-866.

[115] KOU S. 焊接冶金学[M]. 闫久春,杨建国,张广军,译. 北京:高等教

育出版社,2012.

[116] 肖纪美. 合金相与相变[M]. 北京:冶金工业出版社. 2004.

[117] MILLSK C. Recommended values of thermophysical properties for selected commercial alloys[M]. England:Woodhead Publishing,2002.

[118] ROLLETTA,HUMPHRE F J,ROHRER G S,et al. Recrystallization and related annealing phenomena[M]. Amsterdam:Elsevier,2004.

[119] 雍岐龙. 钢铁材料中的第二相[M]. 北京:冶金工业出版社. 2006.

[120] LÜTJERING G. Influence of processing on microstructure and mechanical properties of (α + β) titanium alloys[J]. Materials Science and Engineering A,1998,243(1):32-45.

名词索引

β相 5.1

δ相 4.4

A

奥氏体 3.3

B

表面张力 3.1

表面张力 3.1

步进电机驱动器 2.1

C

操作机与变位机系统 2.1

成分过冷 3.1

冲击韧性 3.3

脆性温度区间(BTR)3.3

淬火 3.3

D

单端逆变电路 2.2

单端正激高频逆变 2.2

单元生死技术 4.3

等离子弧发生系统 2.1

等离子束流 3.1

等轴晶 3.1

低熔点共晶 3.3

低熔点化合物 3.3

F

F 检验法 5.2

粉末等离子焊枪 2.1

辐射换热 4.3

G

高频引弧电源 2.2

高温抗氧化能力 4.1

高温疲劳蠕变性能 4.1

固溶处理 4.4

固相线 3.3

过热区 3.3

H

滑移带 5.3

回归正交试验 5.2

回火 3.3

回火处理 3.1

I

I/O 控制卡 2.1

J

基值电流 5.3

结晶裂纹 3.3

结晶偏析 3.3

结晶热力学 3.1

晶带轴 4.2

晶内偏析 3.4

L

Laves 相 4.2

冷却水循环系统 2.1

孪晶晶界 4.4

M

MC 颗粒 4.2

MOSFET 管 6.2

马氏体 5.1

脉冲频率 4.2

密排六方 α 相 5.1

N

逆变高频引弧电源 2.2

凝固速度 3.1

P

PLC(可逻辑性编程控制器)2.1

硼化物 3.1

平面晶 3.1

Q

气孔 3.4

强制对流 3.1

全桥结构 2.2

全桥逆变结构 2.2

缺口敏感性 4.4

R

热裂纹 3.4

热喷涂 3.1

熔覆层 3.1

熔合区 3.3

S

舍夫勒图 3.1

生长动力学模型 4.3

树枝晶 3.1

双椭球体热源 4.3

司太立合金 6.1

塑性应变量 ε 3.4

缩松 3.4

T

弹性模量 E 5.1

碳化物 3.1

W

网篮组织 5.3

维弧(Pilot Arc)2.2

温度梯度 3.1

X

析出强化 4.1

系统控制软件系统 2.1

显微偏析 3.4

小角晶界 5.3

Y

沿晶断裂 3.4

液态共晶薄膜 3.4

应力轴偏角 γ 5.1

元素偏析 4.2

运动控制硬件系统 2.1

Z

正火 3.3

枝晶偏析 3.4

致密度 3.3